건축으로 본
보스턴 Boston
이야기

건축으로 본 보스턴 이야기

이중원 지음

사람의무늬

들어가는 말

미국 건축을 대표하는 도시는 뉴욕과 시카고다. 금융 허브인 뉴욕과 물류 허브인 시카고를 제치고, 왜 하필 보스턴에 대해 얘기해야 하는지 궁금해하는 독자가 많을 것이다. 사실 뉴욕과 시카고에는 미국을 대표하는 크고, 높고, 값비싼 건축물이 즐비한데, 왜 굳이 보스턴 건축에 대해 얘기해야 할까? 도대체 보스턴 건축의 가치는 무엇이고, 이 도시가 갖고 있는 건축적 힘은 무엇일까?

미국은 자동차 번호판에 해당 주州를 대표하는 문구를 넣는다. 뉴햄프셔 주는 "자유롭게 살든가 아니면 죽음을 달라Live free or die"이고, 뉴욕 주는 "제국의 주Empire State"이다. 보스턴이 위치한 매사추세츠 주의 문구는 바로 "미국의 정신Spirit of America"이다. 빼어난 산세를 가진 뉴햄프셔 주는 자연경관을 벗 삼아 사는 사람들이 문명의 이기보다 자유를 원하는 곳이고, 미국 어느 도시보다 돈이 많

(왼쪽부터) 뉴햄프셔 주, 뉴욕 주, 매사추세츠 주 차량 번호판

고 높은 마천루를 가진 뉴욕 주의 경우는 미국 자본주의의 총화라 할 수 있는 맨해튼이 있다. 이에 반해 매사추세츠 주는 청교도들이 미 대륙에 정착한 이래 미국의 종교적, 정치적, 문화적, 교육적 지도자들의 고향 역할을 해왔다.

　MIT와 하버드 대학이라는 세계 명문 대학이 보스턴에 있다. 이곳에서 배출된 인재는 지도자로서, 이곳에서 생산한 지식은 리딩지식으로서, 미국은 물론 세계 각계각층을 이끌고 있다. 이러한 현상은 건축 분야에서도 마찬가지다.

　미국에서 건축학과가 가장 먼저 들어선 대학이 MIT이다(1867년). 이어서 1893년에 하버드 대학에도 건축학과가 설립되었다. MIT와 하버드 대학 건축학과는 20세기 초반까지 건축 프로그램을 정비하고 조경과 도시까지 분야를 확장했고 계속해서 최고의 건축, 조경, 도시 계획가를 배출하고 있다.

　근대 건축의 4대 거장 중 한 명인 핀란드의 건축가 알바 알토Alvar Aalto가 MIT 건축대학 학장으로 오고, 바우하우스 초대교장인 독일의 건축가 발터 그로피우스Walter Gropius가 하버드 건축대학 학장으로 오면서 보스턴은 미국뿐 아니라 세계 건축 담론의 중심이 되었다. 이렇게 보스턴은 서서히 세계 건축계의 수도로 떠올랐다. 독일의 2차 세계대전 패전과 미국의 승전은 세계의 패권을 '유럽 중심'에서 '미국 중심'으로 재편성했고 이는 건축도 마찬가지였다.

　알토와 그로피우스의 보스턴 건축계 합류는 미국 건축의 흐름을 바꾸어 주었다. 당시에 유행하던 19세기 유럽풍 보자르 양식에콜 데 보자르에서 주류를 이루었던 고전주의 건축 양식에서 벗어나 모더니즘 양식으로 건축 접근 방식을 바꾸어 놓았다. 모더니즘 교육의 시작은 유럽이었지만, 모더니즘 교육의 완성과 전파는 보스턴을 통해 이루어졌다. 이후에 전개된 건축계의 포스트모던 양식을 미국이 주도하게 된 데도 보스턴의 역할이 컸다.

점점 많은 인재들이 세계 각지에서 MIT와 하버드 대학 건축 프로그램을 통해 새로운 건축 방법론을 공부하고자 몰렸다. 이곳에서 배출된 최고 수준의 건축 엘리트들은 미국 전역과 세계 각지로 퍼져 나가 굵직한 소리를 내기 시작했으며 이들은 학계와 업계의 실질 세력이 되었다.

보스턴 학교의 이름값이 올라가자, 평판과 인지도를 관리하고자 하는 수많은 최고의 건축가들이 후학을 양성하기 위해 보스턴에 몰렸고, 자신의 작품을 이 도시에 전시하고 짓고자 했다. 실례로 건축계의 노벨상이라 불리는 프리츠커 건축상Pritzker Architecture Prize을 수상한 알바로 시자포르투갈 현대 건축가, 프랭크 게리20세기 해체주의 건축가, 마키 후미히코일본 등이 MIT 건축 설계 스튜디오를 지도했다. 렘 콜하스네덜란드 등이 하버드 대학 건축 설계 스튜디오를 지도했다.

프랭크 게리, 마키 후미히코를 포함해 최근 보스턴에 건축물을 디자인한 세계적인 스타 건축가로는 렌조 피아노이탈리아, 노먼 포스터영국, 라파엘 모네오스페인, 딜러 스코피디오미국, 스티븐 홀미국, 라파엘 비뇰리미국 등이 있다. 이들이 지은 건축물은 보스턴을 최첨단 건축의 실천 도시로 승격시킨다.

보스턴의 매력은 현대에만 있지 않다. 미국 역사의 출발점이었던 보스턴은 미국 초창기 건축의 생산지이기도 했다. 미국의 태동기 역사가 '건축'이라는 형식으로 보스턴에 기록되어 있고, 유럽에서 수학한 수많은 초창기 유학파들이 건축을 실험했던 무대가 보스턴이기도 했다. 보스턴을 걷다 보면 미국의 초창기 역사와 미국인의 삶의 바탕이 드러나며 유럽에서 선진 학문을 수학하고 들어온 제1세대 미국 건축 지성들이 유럽 건축문화를 미국화하려 노력했던 흔적이 여기저기 남아 있다.

보스턴은 미국 건축계의 인재와 영웅을 배출한 도시이자, 세계 건축계의 지성과 호걸을 낳은 도시이다. 물리적으로는 작지만, 정신적으로 뉴욕이나 시카고보다 넓다고 생각한다. 보스턴 건축에 대한 책이 꼭 필요한 이유가 바로 여기에 있다.

이 책은 미국 건축의 출발점이자 세계 건축의 중심지로서 여전히 진행 중인 보스턴을 조망하고자 한다. 총 9장으로 구성되어 있는데, 지리적으로 크게 나눠서 정리했다. 보스턴의 출발점인 비콘 힐과 노스 엔드를 시작으로 점차 서쪽으로 이동하며 보스턴을 살펴보고, 강을 건너 MIT와 하버드 대학이 있는 캠브리지로 이동하여 내로라하는 건축물을 다룬다.

서울을 책 한 권으로 전부 담을 수 없듯이 보스턴도 책 한 권에 모두 담기는 어렵다. 도시와 건축을 떼어 놓고 보아도 그러하다. 아마 19세기 도시 건축만 써도 책 한 권이 나오고, 1950년대만 놓고도 내용이 넘쳐나고, 찰스 강 하나만 놓고도 이야기가 무궁무진할 것이다. 다시 말해 책의 범위와 내용의 깊이를 어느 기준에 두고 쓰느냐에 따라 천차만별일 것이다. 따라서 나도 책의 독자층을 누구를 잡고 무슨 이야기를 중심으로 쓸 것인지 고민이 많았다.

이 책은 건축을 전공하지 않은 사람도 누구나 쉽게 읽을 수 있도록 노력했다. 건축을 오랫동안 공부하고 일한 사람이라면, 익숙한 얘기도 많고 쉽다고 여겨지는 부분도 많을 것이다. 또한 책장이 가볍게 넘어가는 것에 중점을 두다 보니 학술적인 객관성과 글의 논리보다는 내 주관적인 느낌이 많이 실렸고, 몇몇 묘사에서 다소 낯뜨겁기도 하다. 이 책은 쉽게 시작해서, 어느 정도 탄력이 붙은 중간에는 좀더 깊어지는 건축 내용을 담았고, 책 끝부분에는 다시 쉽게 정리할 수 있도록 구성했다.

　이 책의 목적이자 저자로서의 바람은 책을 읽은 후 아직 보스턴에 가보지 못한 사람들이 보스턴에 가고 싶다는 강렬한 마음이 들었으면 좋겠다. 이미 보스턴에 살고 있는 사람이라면 '건축가의 눈으로는 이 도시가 이렇게 보이는군'이라고 한번 고개를 끄덕이고, 우연히 보스턴을 방문하는 사람들은 건축물을 지나치다가 혹시나 책에 나온 내용이 생각나서 한번 웃었으면 좋겠다. 그럴 수만 있다면, 이 책은 기대 이상의 목적을 달성했다고 본다.

　책을 쓰면서 책은 아무나 쓰는 것이 아니라는 사실을 새삼 깨달았다. 보스턴에서 11년간 살면서 '이런 보석 같은 도시가 있나' 하는 생각이 자주 들었고, 귀국하면 반드시 보스턴에 대한 소개를 하겠다고 결심한 바가 있어 집필에 뛰어들었는데, 사실 쓰는 내내 주저했다. 내 글에 영어식 표현이 너무 많고, 과장법이 난무하며, 동사의 시제와 태가 뒤죽박죽인 사실에 놀랐다.

　서툰 글이지만 책을 세상에 내놓는 것은, 혹시 보스턴이 건축으로 유명한지 몰라서, 혹은 보스턴이 도시로서 매력이 많다는 사실을 몰라서 누군가가 여행 목록에서 보스턴을 빼는 일이 생길까 봐 걱정하는 노파심 때문이다. 비록 문장이 서툴고, 표현력이 구차하지만 내가 느낀 보스턴 건축과 도시의 아름다웠던 모습의 한 순간을 많은 사람들과 나누고 싶다.

　책이 나오기까지 많은 분들의 도움이 있었다. 건축동반자인 아내 이경아 소장과 항상 헌신적으로 도와주시고 지금의 내가 있게 해주신 부모님께 깊이 감사드린다. 내 삶을 의미 있고 귀하게 해주시는 건축학과 학생과 교수님, 그리고 교회 식구에게 감사를 전한다.

차 례

들어가는 말 — 5

첫 번째 이야기 **보스턴 소개하기** — 12

두 번째 이야기 **비콘 힐**
: 보스턴을 대표하는 건축 일번지 — 22

세 번째 이야기 **노스 엔드**
: 보스턴 속의 작은 이탈리아 — 38

네 번째 이야기 **다운타운**
: 옛것과 새것이 공존하는 활력의 거리 — 56

다섯 번째 이야기 **백 베이**
: 보스턴 최고의 주택가 — 104

여섯 번째 이야기 **펜웨이**
: 펜웨이 구장부터 가드너 미술관까지 — 146

일곱 번째 이야기 **MIT**
: 질서와 정돈의 미학, 최고 건축가들의 합작품 — 178

여덟 번째 이야기 **켄달 스퀘어**
: 생명공학, IT 산학 클러스터 단지 — 228

아홉 번째 이야기 **하버드 대학**
: 세계적인 건축가들의 진열장 — 240

나오는 말 — 316

보스턴 소개하기

첫 번째 이야기

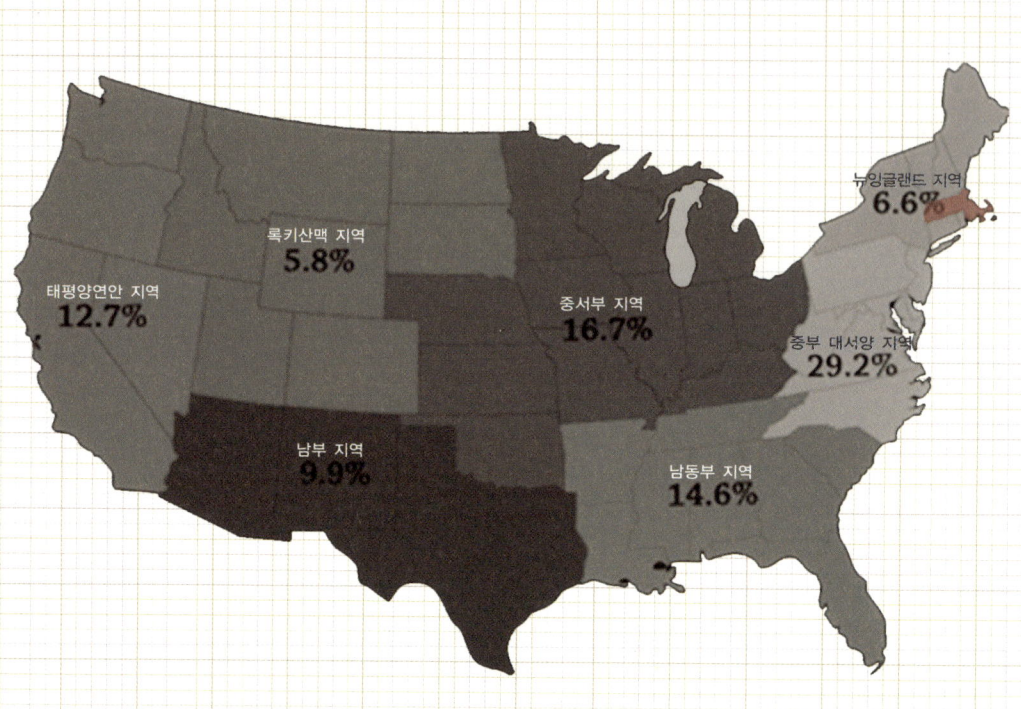

그림 1-1 미국은 크게 7개의 지역으로 나눌 수 있는데, 보스턴이 속한 지역은 뉴잉글랜드 지역이다. 미국 전체 인구의 6.6%가 이곳에 모여 산다. 지도에서 붉게 표시한 부분이 보스턴이 위치한 매사추세츠 주다.

책을 시작하며

그림 1-1과 같이 미국은 크게 7개의 지역으로 나뉜다. 붉은색으로 표현된 매사추세츠 주는 뉴잉글랜드 지역에 있다. 매사추세츠 주의 주정부가 있는 곳이 바로 보스턴이다. 보스턴의 위도는 북위 42도 정도이고, 동쪽으로 대서양이 있는 해안가 도시다.

위도가 높다 보니 겨울이 무척 길다. 눈이 많이 오면 90센티미터가량 오기도 하며 겨울이 되면 해가 없는 시간이 무척 길다. 눈이 올 때는 자기 집 앞 눈을 직접 치워야 하는데, 그 노동이 너무 과중해서 세입자가 눈을 치우는 경우 집세를 깎아주기도 한다. 전망이 좋다고 눈치 없이 코너에 있는 집을 구하면 눈이 내릴 때마다 고생이 말이 아니다.

보스턴은 대서양을 접하고 있는 탓에 해산물 요리가 많다. 싱싱한 생선이 풍부한데, 특히 대구 요리가 유명하다. 조갯살, 감자, 양파를 넣어 끓인 스프 차우더Chowder는 보스턴의 대표 요리 중 하나다. 추운 겨울날 아침 빵집에 들러 차우더를 먹으면 웬만한 한기도 잠재울 수 있다. 또한 바닷가재는 보스턴 음식의 백미로 꼽힌다. 제철인 7~8월에 먹으면 특히 맛있다. 과거에는 바닷가재가 해변에 흔하게 널려 있어 가난한 집 아이들이 질리도록 먹었고, 인디언들은 식물 비료나 낚시용으로 썼다고 하는데, 지금은 세계에서 이곳 바닷가재 맛을 찾아 사람들이 몰려오면서 가격이 많이 올랐다. 그래도 우리나라에 비하면 싸고 맛있으므로 추천하고 싶다.

보스턴은 위도상 서울과 큰 차이가 없으며 뚜렷한 사계절이 있다. 추운 겨울이 지나고 봄이 오면 잠들었던 땅이 태동하고 녹음은 움튼다. 오색의 꽃밭과 잔디가 골목마다 넘친다. 보스턴은 정말 어디를 가도 잔디가 있다. 잔디 위에서 축구를 해도 되고 배구를 해도 된다. 소풍을 나와도 되고 바비큐를 해먹어도 된다. 모든 사람이 나와서 사용해도 될 만큼 공간은 넉넉하다.

보스턴에서 목회 활동을 하시다가 한국으로 역선교를 가신 목사님은 축구를 좋아했다. 몇 년 만에 다시 보스턴에 오셨는데 "이렇게 지천으로 깔려 있는 잔디구장을 놀려 두는 것은, 서울에서 초등학교 모래 운동장조차 주말마다 경쟁하며 빌려 써야 하는 입장에서 보면 죄야 죄"라고 말씀하실 정도였다.

미국의 다른 동북부 지역 도시처럼 보스턴의 물도 맑다. 여름이 되면 물놀이를 즐긴다. 눈부신 구름이 하늘의 파라솔이 되어 찰스 강과 대서양을 놀기 좋게 해준다. 요트는 물 위를 덮고, 조정경기가 강 위를 덮는다. 숨 막히는 폭염은 없으면서 하늘에서 투명한 햇빛이 쏟아져 푸름을 더한다.

보스턴은 겨울이 길고 해산물이 풍부하며 신록과 잔디, 물이 많은 곳이다. 이는 간단한 얘기지만 보스턴이라는 도시의 바탕을 이해하고 파악하는 데 매우 중요하고 기본이 되는 사실이다. 겨울이 긴 점에서는 우리나라 도시들과 비슷하지만, 해산물과 잔디, 물놀이가 많은 점은 내륙 도시에서는 찾아보기 힘든 속성이기도 하다. 앞에서 매사추세츠 주가 '미국의 정신'이라고 한 점을 상기해

그림 1-2 짙은 베이지색이 원래 모습이고, 옅은 베이지색이 수차례 매립과 간척을 통해 변한 보스턴의 현재 모습이다. 캠브리지와 보스턴을 나누는 강이 찰스 강이다.

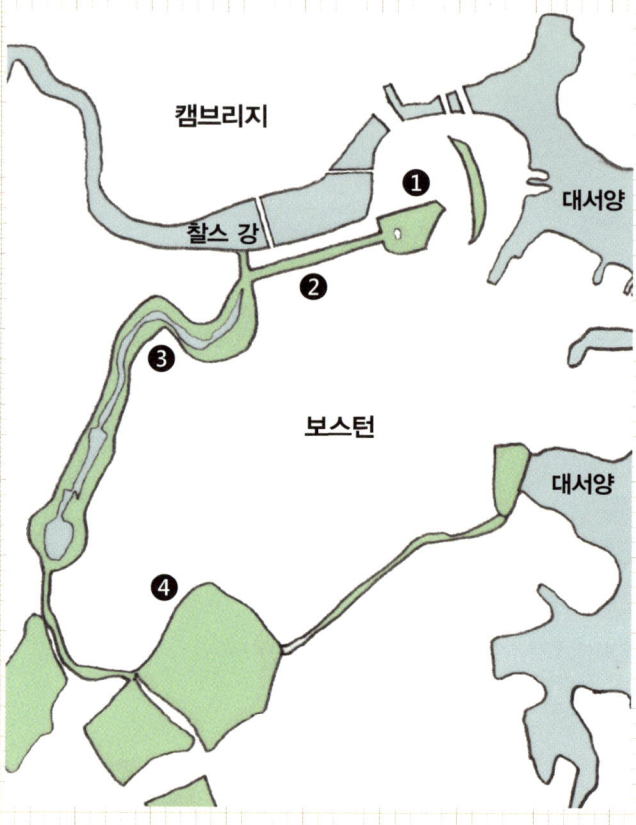

그림 1-3 위 지도에서 녹색으로 표시된 부분이 에메랄드 네클레스라 불리는 녹지다. ❶ 보스턴 코먼 공원에서 시작 ❷ 커먼 웰스 녹지를 통과하고 ❸ 펜 웨이를 지나 ❹ 자메이카 플레인으로 녹지는 완성된다.

보면 더욱 재미나는 사실을 보게 된다. 즉 수많은 미국 지도자들이 일몰을 바라보는 '산 사람'이 아니라, 일출을 바라보는 '바다 사람'이라는 사실이다.

보스턴 한눈에 보기

과거의 보스턴은 오늘날 보스턴과 다르게 생겼다. 그림 1-2를 보면, 미국처럼 땅이 넓은 국가에서 돈을 들여 땅을 넓히려고 한 이유가 상식적으로 잘 이해되지 않는다. 그러나 보스턴은 간척으로 오랜 시간에 걸쳐 다른 도시와 차별화되는 아름다운 수변공간을 창출했다.

보스턴은 동쪽으로 대서양을 마주하고 있고, 도시 안에는 찰스 강이 관통하고 있어서 바다 바람과 강바람이 공존한다. 바다와 강 외에도 호수와 저수지가 많다. 처음 보스턴을 찾아낸 인디언들은 높은 데서 보니 호수와 저수지가 많아 물구덩이가 많은 곳, 또는 물에서 육지를 접하는 곳이라는 의미로 이곳을 쇼멋Shawmut이라고 불렀다.

대륙의 동쪽에 위치하고 있는 보스턴은 일출이 일몰보다 강한 도시이다. 나는 과학적으로 이 사실이 사람들에게 어떤 영향을 미치는지 항상 궁금했다. 뜨는 해를 바라보는 해안 도시인들이 만들어내는 언어와 상식의 틀과, 지는 해를 바라보는 내륙 도시인들이 만들어내는 생각의 차이를 언젠가는 검증 가능한 주장으로 들어보고 싶다. 보스턴 사람들은 전통을 사랑하고 고수하는 측면에서는 우리로 치면 대구 사람과 비슷하고, 해산물을 좋아하고 진취적인 측면에서는 광주 사람을 닮았다.

어느 도시를 하나의 특정 색으로 표현하기는 어렵지만, 보스턴은 단연 붉은색과 녹색의 도시다. 지금은 물론 다채로운 색이지만, 적어도 도시의 시작이라 할 수 있는 본류는 그렇다. 벽돌집으로 시작한 보스턴은 아직도 곳곳이 붉은색이고 신록이 많아 곳곳이 녹색이다. '에메랄드 네클레스목걸이'라 불리는 이 녹지는 하나의 띠를 형성하며 보스턴을 휘감는다. 보스턴의 중요한 장소들은 모두 이 띠를 따라 있다. 에메랄드가 녹색인데 착안하여 붙인 이름인데, 공공녹지가 도시에서 차지하는 비중이 보석과 같음이 맞고, 보석 하나하나가 떨어져 존재하는 것이 아니라 연결되어 목걸이를 이루며 도시의 주요 장소를 엮어 주고 있다는 의미로 적합한 이름이다.

에메랄드 네클레스는 미완의 녹지 띠로 반쪽짜리 목걸이라 할 수 있다. 그 나머지 반쪽을 찰스 강과 대서양이 완성한다. 녹색 목걸이는 도시의 중심을 감고 있고, 청색의 물은 도시의 주변을 감고 있다. 회색이 아닌 청색과 녹색으로 가득 찬 도시, 그것은 좋은 도시의 시작점이고 동시에 지향점이 될 수 있다.

이 책을 읽는 데 도움이 될 만한 지명 일곱 군데를 소개하고자 한다. 보스턴의 리틀 이탈리아로 불리는 노스 엔드North End, 보스턴의 금융가라 할 수 있는 다운타운Downtown, 보스턴의 정치 일번지 비콘 힐Beacon Hill, 유명한 주택가 백 베이Back Bay, 캠브리지 바이오텍 및 IT 산학 클러스터 단지인 켄달 스퀘어Kendall Square, 매사추세츠 공과대학인 MIT, 그리고 하버드 대학교다.

보스턴의 시작은 노스 엔드와 비콘 힐에서 시작되었고, 강 건너 캠브리지는 하버드 대학교가 자리하고 있는 올드 캠브리지에서 시작되었다. 자, 그럼 이제 이 지역을 하나씩 살펴보도록 하자.

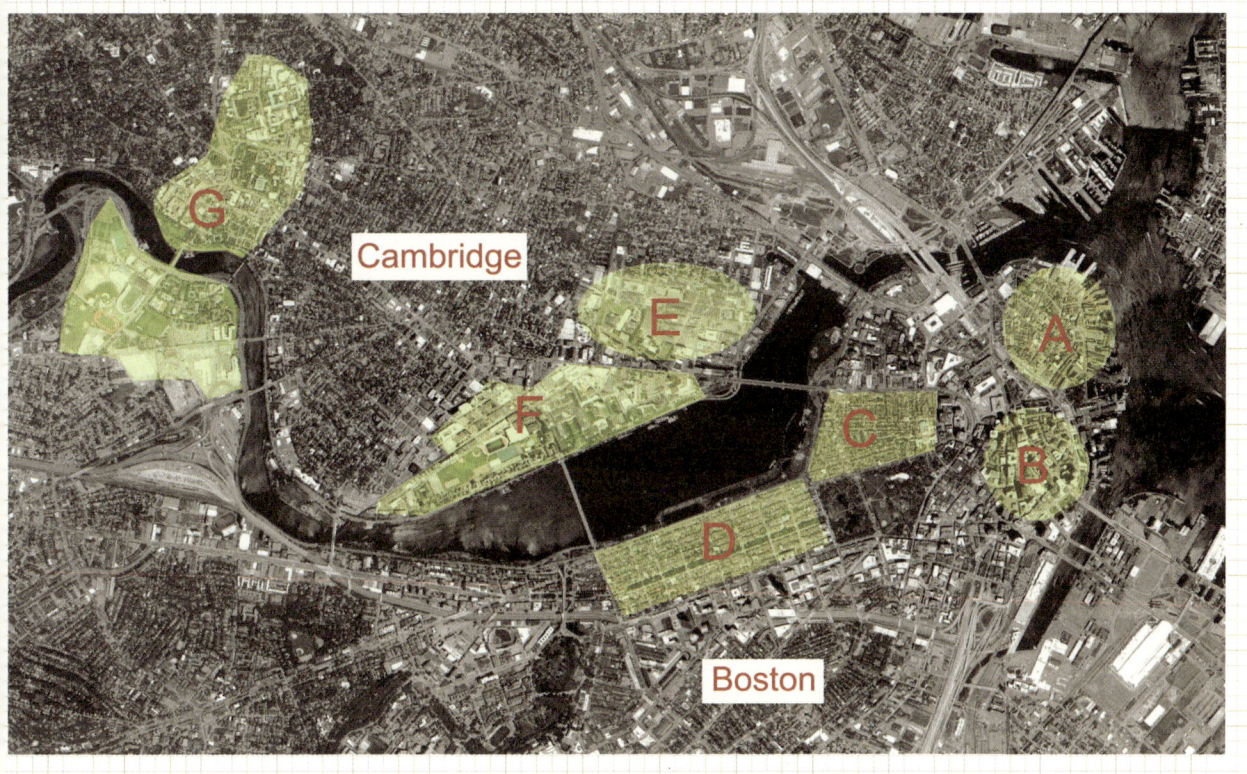

그림 1-4 A-노스 엔드, B-다운타운, C-비콘 힐, D-백 베이, E-켄달 스퀘어, F-MIT, G-하버드 대학교

비콘 힐
: 보스턴을 대표하는 건축 일번지

Ⓐ 매사추세츠 주정부 청사 State House
Ⓑ 찰스 스트리트 Charles Street
Ⓒ 보스턴 아테네움 Athenaeum
Ⓓ 에이콘 스트리트 Acorn Street
Ⓔ 브리머 스트리트 Brimmer Street

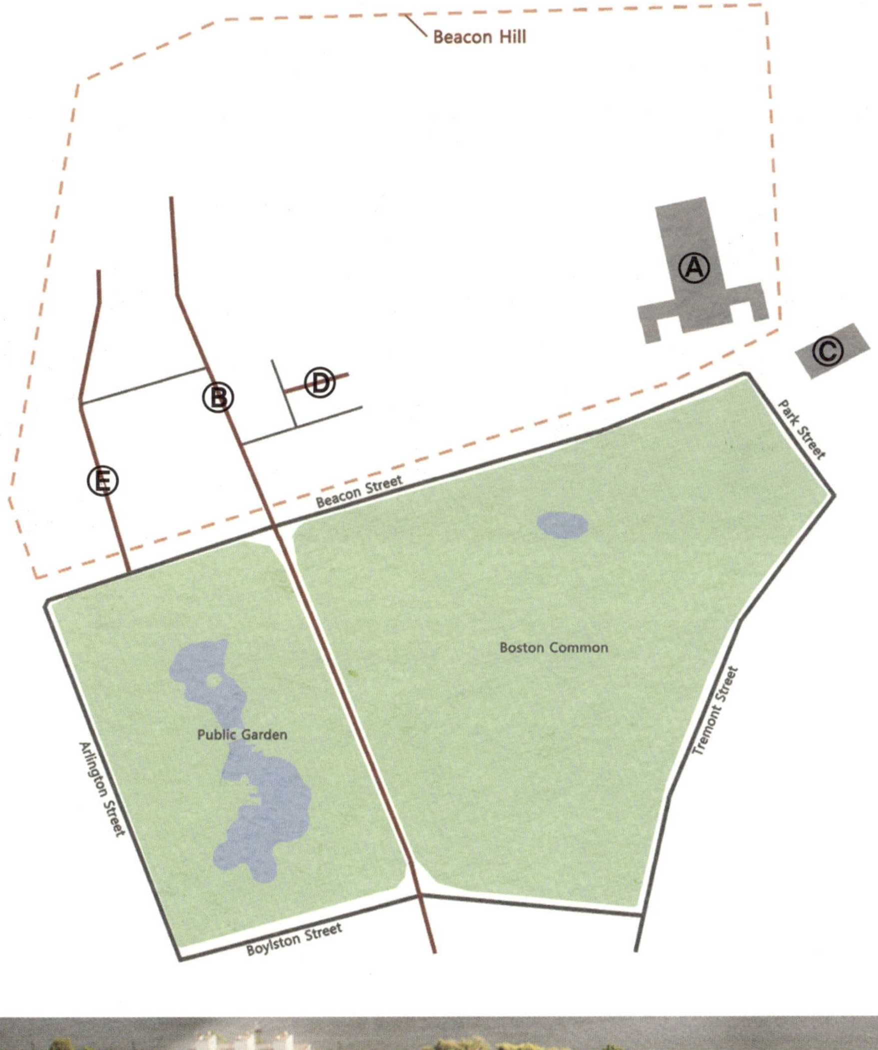

두 번째 이야기

- Beacon Hill
- Ⓐ
- Ⓒ
- Ⓑ
- Ⓓ
- Ⓔ
- Beacon Street
- Park Street
- Boston Common
- Public Garden
- Arlington Street
- Tremont Street
- Boylston Street

그림 2-1 상공에서 바라본 보스턴 다운타운의 모습. 사진 왼쪽에 푸르게 칠한 작은 부분이 노스 엔드 지역이고, 오른쪽에 푸르게 칠한 넓은 부분이 비콘 힐이다. 붉은 색으로 칠한 부분이 매사추세츠 주정부 청사가 위치한 곳이다.

비콘 힐,
도시 속 시간 여행

그림 2-1을 보면, 앞쪽에 흐르는 강이 찰스 강이고, 뒤로 보이는 바다가 대서양이다. 찰스 강측에 푸르게 칠한 부분이 바로 비콘 힐이라 불리는 지역이고, 대서양 측에 푸르게 칠한 부분이 노스 엔드 지역이다. 비콘 힐 꼭대기에 보스턴 주청사 건물이 있다. 찰스 불핀치Charles Bulfinch가 설계한 이 건물은 금색의 돔을 가지고 있어, 먼 곳에서도 한눈에 보이며 도시 안에서 방향을 잡을 수 있게 도와준다.

보스턴의 리틀 이탈리아라 불리는 노스 엔드와 대대로 보스턴의 세력가들이 모여 사는 비콘 힐은 미국에서 가장 오래된 마을 중의 하나로 여행객들의 발길이 끊이지 않는 곳이다. 노스 엔드가 미국 역사에서 중요한 지명으로 떠오르게 된 이유는 영국과의 독립전쟁에서 중요한 역할을 하여 전쟁을 승리로 이끈 폴 리비어Paul Revere의 생가가 있기 때문이다. 이곳은 초창기 미국 동네의 모습을 잘 간직하고 있다. 비콘 힐은 아직도 백 년 전에 지어진 벽돌 건물과 마차와 보행자 위주의 골목길, 그리고 가로를 따라 설치된 가스등들이 운치를 더하는 곳이다.

산속에서 멋진 풍경을 만나면 마치 내가 자연의 일부가 되는 착각에 빠지며 실제로 인체의 자연화가 일어난다. 노스 엔드와 비콘 힐 같은 동네에서도 비슷한 체험을 할 수 있다. 다만 이번에는 자연화가 아닌 시간 여행이다. 즉 건축이라는 문자로 새겨진 과거로의 여행으로, 보는 것마다 내쉬는 숨마다 기쁨이 커진다는 면에서 산속 여행과 도시 속 시간 여행은 같다.

그림 2-2로 보이는 보스턴의 모습은 19세기와 20세기가 공존하는 도시 모습이다. 건축물 양식의 변화를 통해 도시를 먹여 살리는 경제 변화를 어렵지 않게 읽을 수 있고, 또한 비콘 힐의 작은 타운 하우스들과 다운타운의 고층 빌딩의 대조 속에서 건축 기술력의 변화를 어렵지 않게 가늠할 수 있다. 어찌 보면, 순수한 건물 크기의 변화나 지역이 가진 역사의 진화라는 측면에서는 북촌의 한옥 마을과 광화문 고층 건물과 비교할 수 있다. 하지만, 보스턴을 걷다 보면 서울과는 확실히 뭔가 다르다. 장소를 연결해주는 길 모습이 다르고, 도시를 지탱하고 있는 이야기가 다르다. 그 다름에 대해 얘기하고 싶어 이 책을 썼다.

비콘 힐의
도시 건축적 특징

*찰스 스트리트가 유럽의 잘생긴 거리보다 뛰어난 점은 사실 없다. 건축적으로 우수한 조형물이 있는 것도 아니고 빼어난 재료의 성질을 탐험한 디테일도 없다. 그러나 세계 최고 도시 설계가들이 이 거리의 비밀을 찾기 위해 몰려든다.

뛰어난 미모에는 세상을 뒤집는 웃음이 있고, 그 웃음은 가지런한 치아에 의해 완성된다. 누런 이, 들쭉날쭉한 치아는 절대 허락하지 않으며 틈새 또한 말

그림 2-2 비콘 힐 찰스 스트리트

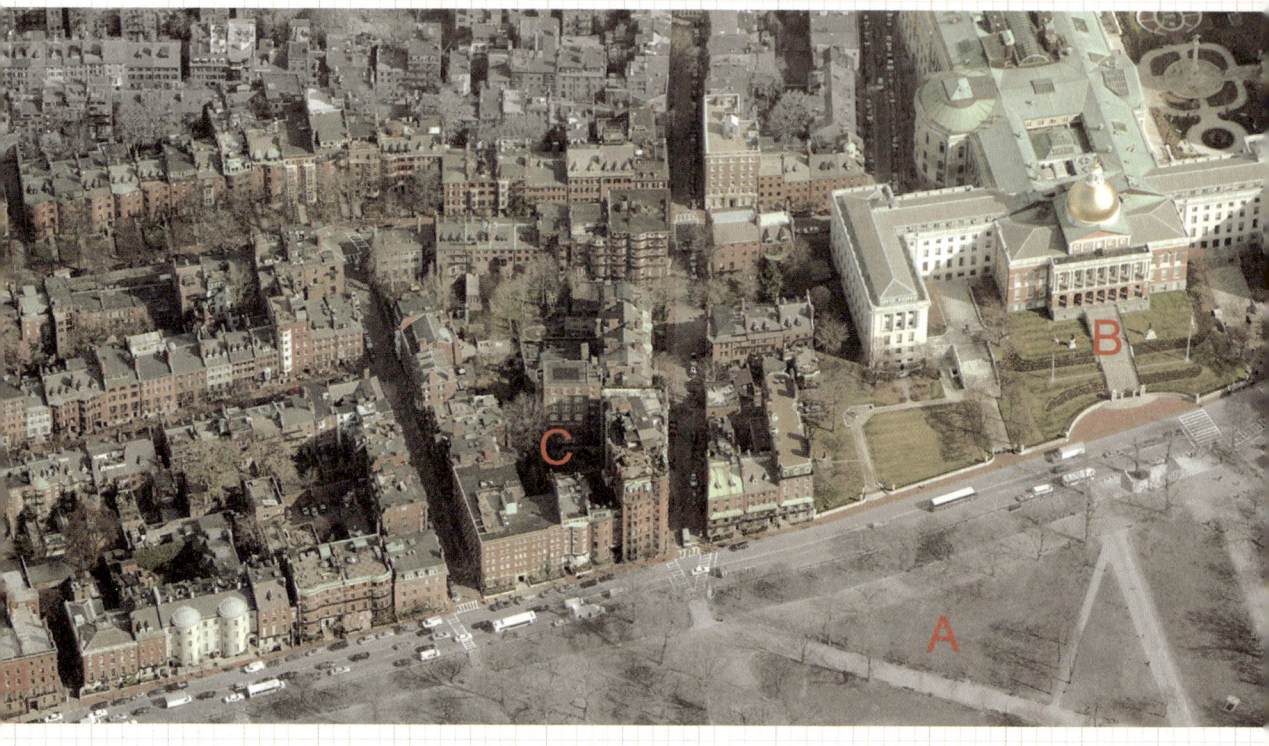

그림 2-3 상공에서 바라본 비콘 힐 전경. A는 보스턴 카먼 공원. B는 찰스 불핀치가 설계한 매사추세츠 주정부 청사. C가 비콘 힐이다.

도 안 된다. 치아들이 줄을 맞추어 하나의 선을 완성해야만 개체가 모인 아름다움이 드러난다. 이 거리는 집과 집 사이가 딱딱 달라붙어 있고, 들쭉날쭉하지 않다. 개별 건물의 정면 얼굴인 파사드$_{facade}$가 모여 길가 풍경을 만든다. 루이스 칸이 '건축의 파사드는 거리의 얼굴이다'라고 말한 점은 바로 비콘 힐의 찰스 스트리트를 두고 하는 말일 것이다.

위대한 건축 대신 위대한 길이 탄생하는 순간이다. 개체적 소멸이 가져온 집단적 생성이다. 숱한 당대의 걸작은 잊혀 가고 소멸되어 갔는데, 이 길은 영원히 간직되고 재생될 길이다. 이 길의 지붕선을 보면, 나는 우리 도시들의 현재가 생각나 만감이 교차한다. 우리는 선조들의 전통을 왜 그렇게 쉽게 지웠을까? 가냘픈 선의 아름다움이라 불린 한옥의 지붕선은 기필코 다시 되돌려야 하지 않을까? 이 점에서 나는 최근 북촌에서 보여준 건축가들의 노력을 높이 사고 싶다. 전통의 형태적 모방을 마치 근대주의도 모르는 무식쟁이로 취급하는 저급한 식민성보다 우리 정체성의 새로운 발견이라는 관점으로 볼 수 있지 않을까? 단발성 구호처럼 들릴 수 있을지 모르나 뿌리 있고, 풍토에 잘 맞는 우리 전통의 지혜와 지붕선은 반드시 되돌려야 한다.

상공에서 비콘 힐을 바라보며 사진을 찍으면, 적어도 좋은 도시는 한 명의 탁월한 건축가에 의해 만들어지는 것이 아니라는 사실을 깨닫게 된다. 그것은 좋은 집과 시간의 켜가 읽혀지는 마을을 만들고자 하는 의지가 있는 시민과 건축가에 의해 완성된다. 벽돌 한 장 한 장 정성스럽게 쌓아올린 집을 갖고 싶은 마음과 집과 마을을 부동산 투자대상으로 보지 않고 인문적 환경으로 인식하는 가치관이 넘치는 사회만이 좋은 도시를 만들 수 있다.

비록 관리비가 많이 들고, 때때로 보수를 해야 하는 불편이 있더라도, 길이 살아 있는 마을은 자라나는 아이들에게 큰 영향을 미친다. 그 어떤 교과서의 지식보다 동네 친구들과 뛰어노는 길이 아이들의 가치관 형성에 더 큰 영향을 끼친다.

질감이 단단하고 조직이 치밀한 벽돌집은 주인의 취향에 따라 모습을 달리하고 있다. 집을 위한 대문과 창문이지만 동시에 거리를 위한 것이기도 하다. 거리마다 화단이 있고 집집마다 차 마시기에 적당한 안뜰이 있다. 속살을 드러내듯이 가끔씩 대문 너머로 보이는 안뜰이 거리의 호기심을 채운다. 동네는 이래야 한다. 전체적으로 단순한 체계가 있되, 개별적으로 변화가 있고, 공공의 길과 개인의 토지가 서로 만나며 경계를 짓고 있되, 자연의 텍스추어와 건축의 질감이 포개져 있어야 한다.

아이들을 위해 창조적인 동네를 만들고자 하는 생각과 결단이 모여 이웃과 함께하고자 하는 정성들인 집들이 들어서게 되고, 이들이 모여 사람들이 걷고 싶은 거리가 형성되며, 사람들이 찾아가 보고자 하는 마을이 도시 곳곳에 세워지게 되고, 그리하여 쉽게 변하지 않는 도시와 국가가 탄생한다.

땅의 소유권을 주장하는 담으로만 만들어진 거리는 결코 걷고 싶은 거리가 아니다. 끊임없이 내 것과 우리 가족 것만을 중시하는 문화가 팽배해지고, 만남과 대화의 장소인 거리는 소외된다. 범죄율이 높아지고 소통 가능성은 낮아진다. 열린사회와 투명성이 높은 커뮤니티를 만들고자 하는 길이 내 집 앞에서 멈춰버린다. 담으로 둘러싸인 주택이 동네 전체에 미치는 영향에 대해 비콘 힐은 날카롭게 비판하며 구체적인 대안을 제시한다.

비콘 힐의 활력은 갤러리 주인과 커피숍 사장, 야채가게 점원, 레스토랑 지배인이 이웃 주민들과 함께 잠시 서서 이야기를 나눌 수 있는 여유에 있다. "새로운 그림 들어 왔나요?" 또는 "오늘 저녁에는 J씨, K씨와 함께 그 집에서 차 마실게요." 보스턴에 놀러온 지인들은 어김없이 이곳에서 차에서 내려 사진을

그림 2-4 에이콘 스트리트는 이제 얼마 남지 않은 19세기형 자갈길이다.

찍고, 걷고 싶어 했다. 걷다가 커피숍을 보면 차라도 한 잔 마시고 싶어 했다.

일상의 무게를 잠시 내려놓고, 잃어버린 자신을 여기에서 찾고 싶어 한다. 나는 비콘 힐 같은 마을이 우리나라에도 많이 세워지길 바란다.

비콘 힐은 보스턴 건축의 DNA

비콘 힐은 보스턴 건축의 정신이다. 미국 사람들에게 보스턴은 가장 오래된 도시이고, 짧은 미국 역사의 시작점이기도 하다. 영국식 타운하우스들이 높지 않은 동산 위에 경사를 따라 서 있다. 보스턴 하면 붉은색을 떠올리는 이유도 이곳 벽돌집 때문이고, 퓨리턴 정신을 떠올리는 이유도 이곳의 검박한 창호 디자인 때문이라 추측된다.

경사지에 들어선 동네라 같은 유형의 벽돌집이라 해도 거리 높낮이의 변화에 따라 지붕이 올라갔다 내려갔다 한다. 그리스 미코노스Mikonos나 이탈리아 아시시Assisi를 가보면 단순한 패턴의 주거 양식이 경사지에 대응하며 기가 막힌 주택가를 형성하는 것을 보게 된다. 차가 들어가기 어려워 보행 위주의 거리를 만들고, 들어온 차들은 급한 경사 때문에 조심히 운전하게 된다. 비콘 힐도 그렇다.

비콘 힐의 매력은 두 가지 종류의 길에 있다. 계급의식이 있었던 19세기에 세워진 동네라 주인 길과 하인 길이 구분되어 하나씩 반복되어 있다. 주인 길은 마차 두 대가 왕래할 수 있을 만큼 넓고, 하인 길은 소 한 마리와 사람만 겨우 지나갈 수 있을 정도로 좁다. 과거에는 주인 길이 사람들에게 사랑을 받고 하인 길은 어둡고 침침한 길이었는데, 계급이 무너진 요즘에 와서는 하인 길이 더 많은 사랑을 받고 있다. 건물 높이에 비해 길 폭이 좁아 걷는 사람들 간의 사이를 좁혀 주고 친밀감을 높여주는 길이기 때문이다.

비콘 힐에는 아직도 대부분의 가로등이 가스등이다. 보스턴은 특히 안개가 많다. 안개가 끼는 날에 비콘 힐의 가스 가로등은 화선지 위를 번져 나가는 먹물 같은 효과를 낸다. 희뿌연 공기층에 반딧불이처럼 이곳저곳을 밝혀주며 벽돌집의 모습을 드러냈다 감추곤 한다. 보스턴은 21세기에 19세기 기운을 뿜어낸다. 바로 이곳이 보스턴다움을 가장 잘 느낄 수 있는 시간이자 장소이다.

비콘 힐에서 골목길 체험은 개별 건축물 감상을 허락하지 않는다. 그럼에도 불구하고 비콘 힐에 와서는 반드시 들러야 하는 건물이 있다. 바로 보스턴 아테네움Boston Athenaeum이다. 이곳은 우리에게도 친숙한 시인 랠프 에머슨과 헨리 롱펠로가 사랑한 장소이다. 1807년에 세워진 이곳은 1854년 보스턴 공공 도서관이 세워지기 전까지 보스턴 지식의 메카였다. 또한 1872년 보스턴 박물관이 세워질 때도 많은 도움이 되었다.

붉은색 가죽 문을 열고 들어가면, 박물관과 도서관이 구분되기 이전의 보스턴 지식인의 서재이자 문화 예술 창고를 만날 수 있다. 제일 먼저 19세기형 철제 계단과 샹들리에가 한눈에 들어온다. 200년 전 미국 예술가들의 예술혼이 책장 가득한 고서와 어울려 시간 여행을 가능하게 한다. 창문 너머 그래너리 야드도 과거와의 대면을 재촉한다. 200년 전 낮에 서빙되던 차가 요즘도 일주일에 한 번씩 제공된다. 이렇게 전통을 이어가며 장소의 정통성도 이어지고 있다.

추상적이고 지적인 개념으로서의 시간이 구체적이고 감각적인 체험으로 다가온다. 소설가나 시인의 상상력이 전해다 줄 수 있는 언어적 시간성 또는 화가나 조각가의 다이내믹한 조형성이 담을 수 있는 구성적 시간성에 버금가는 공간적이고도 건축적인 시간성으로 가득 찬 곳이다.

그림 2-5 브리머 스트리트는 아름답고 살기 좋은 마을로 유명하다.

비콘 힐 거리의 디테일을 바라보며

시작은 중요하다. 건축도 예외는 아니다. 눈으로 보이는 건축은 손으로도 체험된다. 감각이 치환되는 이 순간은 매우 성스럽다. 그래서 건축가는 첫 접촉을 쉽게 내주지 않는다. 눈으로 보고 지나가는 것과 손으로 만져보는 것은 하늘과 땅 차이다. 수천 개의 건물을 본 것은 잊을 수 있어도, 단단하면서도 부드럽고, 날카롭고도 찬 손잡이의 느낌은 영원할 수 있다.

그래서 손잡이는 건축가의 신경이 모이는 곳이다. 이 세계와 저 세계를 가르는 대문, 연다는 의식, 의식을 가능케 하는 손잡이, 그래서 건축가들은 손잡이까지 뜸을 들인다. 계단도 놓고, 꽃도 놓고, 때에 따라서는 지붕도 얹는다. 의식을 예식의 수준으로 끌어올린다. 문지방을 넘나드는 행위를 개념화하고, 문간이라고 해서 문을 공간화한 것은 우리 민족도 마찬가지다. 문고리에 대한 집착은 우리도 남달랐다.

그림 2-6을 보면, 문들이 사이좋게 있다. 건물과 건물 사이가 이음새만 보일 뿐 한 치의 간격도 없이 서 있다. 문들도 사이좋게 서 있다. 홀수가 복수가 되자 말을 하기 시작한다. 새로운 가능성들이 열린다. 독백에서 대화의 공공성을 띤다. 대문 앞에 아치 문이 포개지면서 겹의 미학을 열어준다. 돌 겹과 나무 겹이 스쳐가면서 사이 공간을 만든다. 표면의 디자인이 아니라 영역의 디자인이 됐다.

오른쪽 문이 왼쪽 문보다 나음은 문 사이 공간을 밝혀주는 등불이 있기 때문이다. 저녁에 쉽게 손잡이를 찾게 해주는 이 불은 지극히 기능적이면서 연다는 의식을 기념화 하고 축제화 한다는 측면에서 이념적이다. 모든 이념이 그러하

그림 2-6 브리머 스트리트 26번지.

듯 빛은 나지만 가파르다.
  부동산 논리와 효율의 논리에 의해 한없이 얇아지고 있고, 한없이 생략되어지고 있는 우리의 문은 다시 문간으로 거듭나야 하고, 공공의 문이 되어야 하고, 두텁고 깊어야 한다.

비콘힐

노스 엔드
: 보스턴 속의 작은 이탈리아

Ⓐ 노스 커머셜 부두 North Commercial Wharf
Ⓑ 블랙스톤 지역 Black Stone District
Ⓒ 노스 스퀘어 North Sqaure
Ⓓ 폴 리비어 생가 Paul Revere House
Ⓔ 세일럼 스트리트 Salem Street
Ⓕ 하노버 스트리트 Harnover Street
Ⓖ 폴 리비어 몰 Paul Revere Mall
Ⓗ 올드 노스 교회 Old North Church

세 번째 이야기

그림 3-1 사진에서 컬러로 된 부분이 노스 엔드 지역이다. 비콘 힐과 함께 가장 유럽적인 골목길 체계를 가진 동네이다. 그림 3-2는 A 위치를 바라보며 찍은 사진이다. B는 보스턴 시청사, 멀리 보이는 C와 D는 초고층 건축으로 각각 존 핸콕 타워와 프루덴셜 타워이다. E는 찰스 강 너머로 보이는 MIT 캠퍼스이다.

로리 그리피스와
노스 엔드

*로리 그리피스_{Laurie Griffith}는 내가 미국에 와서 처음으로 알게 된 미국 여자였다. 그녀는 첫 학기 MIT 설계 스튜디오 오리엔테이션 시간에 내 옆자리에 앉았다. 독일계 오하이오 출신의 로리는 키가 크고 짙은 노란머리에 푸른 눈을 하고 있었다. 굉장히 천천히 눈꺼풀을 감았다 떴다 하는 그녀는 중부 출신답게 말투도 느렸다. 한국에서 온 유학생이라는 이유로 내게는 특히 더 천천히 말을 해줬다. 우리는 서로를 신기하게 생각했다.

미국 도시로는 보스턴이 처음이었던 나는 미국의 다른 지역도 다 보스턴과 같이 붉은 벽돌 도시일 것이라고 상상했다. 첫 프로젝트 대지는 노스 엔드였고, 나는 처음 보는 미국 동네라 열심히 스케치했다. 로리 또한 낯선 동네 대하듯 열심히 그렸다. 한국의 분당과 일산의 도시경관이 그다지 다르지 않은 점을 생각하며 나는 노스 엔드의 풍경에 대해 로리가 낯설어 하는 모습이 처음에는 이해되지 않았다.

스튜디오로 돌아온 우리는 대지에 대해 각자 느낀 점을 발표했다. 유럽 배낭여행을 여러 번 다녀온 나는 이탈리아의 거리와 광장 특징처럼 노스 엔드를 분석하고 계통을 잡으려고 했다. 길의 폭과 분위기를 의도적으로 좁고 어둡게 과장하며 밝은 광장이 나타날 때마다 교회당 정면의 역할이 대단히 중요한 도시적 장치라고 발표했다. 로리는 노스 엔드에는 도회지의 분주함이 있다고 했고 붉은 벽돌과 검은색 피난 철제 계단들이 매달려 있는 모습이 인상 깊고 여행 상품이 많은 곳이라고 발표했다. 로리는 내 발표가 프로젝트와 무슨 관련이 있는지 의아해했고, 나는 로리의 감상이 시골 사람이 도회지의 풍경에서 얻는 일반적인 느낌이지 프로젝트와는 무관한 사항이라 생각했다.

나와 로리의 학우로서 친분은 MIT 수학 기간 내내 매학기 같은 스튜디오에서 공부하면서 깊어갔다. 그러나 졸업 후, 얼마 안 지나 로리는 어처구니 없는 교통사고로 갑자기 세상을 떠났다. 학교 친구들이 많이 있고 교류도 많았지만, 로리의 말은 세월이 갈수록 더 또렷해진다. 당시 노스 엔드에 대해 발표했던 내용을 회상해보면 웃음이 나온다. 노스 엔드에 대한 나나 로리의 생각은 둘 다 오류가 있었다. 우리 모두 각자 처했던 환경과 경험의 틀로 다른 지역의 건축과 역사를 바라보고 있었다. 서울에서 자란 나는 미국과 유럽을 함께 묶어 서구라 생각했고, 그래서 이탈리아의 사례로 노스 엔드를 보려 했다. 로리는 오하이오의 작은 옥수수 마을의 수수함과 대비하여 노스 엔드를 바라보고 있었다. 훨씬 느리게 가는 오하이오의 시간대와 나무집 동네를 근거로 노스 엔드를 보았기에 도회지의 벽돌 느낌이 두드러졌던 것 같다. 그래도 나보다는 로리가 노스 엔드 본래 모습에 근접해서 바라봤던 셈이다.

그림 3-2 노스 엔드 애틀란틱 애비뉴에서 노스 커머셜 부두를 바라본 모습.

그림 3-3 노스 엔드의 초입이라고 부를 수 있는 블랙스톤 지역이다. 가장 오래된 보스턴 길의 모습을 잘 간직하고 있다. 오른쪽에 보이는 식당은 보스턴에서 가장 오래된 레스토랑 중 하나로 1820년대 레스토랑을 경험하고 싶다면 적극 추천한다. 이 동네에서 토요일 오전마다 채소와 과일을 파는 재래시장이 열리기도 한다.

노스 엔드,
미국 역사의 현장

노스 엔드라는 지역은 보스턴에서 비콘 힐과 함께 가장 오래된 동네다. 노스 엔드의 나이는 약 400살 정도다. 초창기인 18세기 보스턴의 가장 부유한 계층이 여기에 살았고, 1840년대 대기근을 피해 물밀듯이 들어온 아일랜드 인의 근거지가 되었는가 하면, 19세기 말부터는 새롭게 밀려온 이탈리아 인, 러시안계 유대인, 동구권 이민자로 넘치기도 했다. 현재는 이탈리아계 사람들의 중심지로 알려져 있는데, 자연히 보스턴 최고의 이탈리아 음식 골목이다.

이민자들이 많이 들어오면서 토박이였던 부유층은 이 지역을 빠져나가고, 한때는 매우 비위생적인 동네로 알려지기도 했다. 이 동네가 다시 세간의 관심을 받게 된 계기는 뉴욕의 저명한 도시 이론가였던 제인 제이콥스 Jane Jacobs가 이 지역을 미국이 지켜야 할 좋은 동네의 대표적 사례로 언급하고서부터이다.

제이콥스는 당시 100층이 넘는 쌍둥이 타워를 건립하기 위해 오래된 벽돌집으로 가득한 뉴욕 도시 블록 몇 개를 불도저로 밀어버리는 데이비드 록펠러 David Rockefeller의 모습을 강도 높게 비판하면서, 살기 좋은 동네의 표본 중 하나로 노스 엔드를 지목했다. 제이콥스는 이 마을이 지닌 주민들의 삶과 동네 골목길과 아기자기한 건축적 특징들이 참다운 도시, 걷고 싶은 도시, 공동체가 있는 도시가 될 수 있다고 주장했다.

보스턴 건축의 유전자는 비콘 힐과 노스 엔드로 대표된다. 실제로 보스턴을 처음 방문한 사람들은 주정부 청사가 있는 비콘 힐에서 관광을 시작해 시청을 지나 노스 엔드로 이동한다. 이 동선 안에 미국의 역사이자 보스턴 역사의 현장이 생생히 담겨 있고, 미국의 초기 도시 패턴과 건축 유형을 걸으면서 체험

할 수 있다. 바로 이곳이 미국에 하나밖에 없는 오래된 도시의 모습이다. 아마로리는 나보다 훨씬 이러한 점을 명확하게 인식하며 노스 엔드를 바라봤을 것이다.

노스 엔드의 성격을 빨리 파악하고 싶다면, 노스 엔드 중앙을 관통하는 세일럼 스트리트Salem Street와 하노버 스트리트Hanover Street를 걸어 봐야 한다. 두 도로는 거의 평행하지만, 특징은 매우 다르다. 세일럼 스트리트는 자동차 한 대가 겨우 지나갈 수 있을 정도로 좁고, 인도 역시 한 사람이 간신히 지나갈 수 정도다. 그러나 건물 높이는 5층 정도이기 때문에 이 길은 항상 협곡같이 어둡고 나무도 없다. 노스 엔드를 이탈리아 지중해 도시와 같은 착각에 빠지게 만드는 것이 바로 이런 좁은 길이다. 걷다가 교회당 첨탑을 만나면서 도로는 약간 넓어지고, 여기서 조금만 더 걸으면 해안가가 나온다.

이에 반해 하노버 스트리트는 노스 엔드 중앙을 관통하면서 가장 활력 있고, 사람들에게 사랑 받는 거리다. 어찌 보면 세일럼 스트리트같이 좁은 도로의 조직을 가진 노스 엔드의 광장 역할을 하는 곳이 하노버 스트리트라고 할 수 있다. 보스턴에 있는 수많은 거리에서 가장 짙은 이탈리아풍을 느낄 수 있다. 연세 드신 할아버지들이 벤치에 앉아 지나가는 여행객을 바라본다. 짙은 이탈리아 액센트로 대화를 나누는 소리가 카페에서 흘러나오는 에스프레소 향기, 레스토랑에서 나오는 피자 굽는 냄새와 어울려 이 거리의 성격을 잘 보여준다.

노스 엔드에 여행객의 발걸음이 끊어지지 않게 된 데에는 은세공을 하던 폴 리비어의 공이 크다. 미국 독립전쟁의 기폭제 역할이 된 보스턴 차사건으로 영국 함대가 보스턴으로 쳐들어온다. 한밤중에 이를 발견한 폴 리비어는 한 필의 말로 렉싱턴까지 달려가서 영국군의 침공소식을 급히 알렸다. 그의 활약으로 미국은 전쟁에서 승리할 수 있었다. 리비어 생가와 전망대 역할을 했던 올

그림 3-4 폴 리비어 생가 앞의 노스 스퀘어 모습.

드 노스 교회당 종루는 독립 전쟁사 탐방의 일번지가 되었다. 그날 밤 사건은 보스턴 출신의 대문호 롱펠로에 의해 소중한 시로 남아 있다. 1861년 롱펠로가 쓴 「폴 리비어의 질주 Paul Revere's Ride」라는 시는 1775년 4월 18일 밤을 불멸의 사건으로 미국인들 마음에 영원히 남게 했다.

> 귀를 대어라, 내 자손들아, 그리고 너희는 들을지어다
> 자정에 퍼져나간 폴 리비어의 질주의 소리를,
> 75년 4월 18일의 일을,
> 비록 지금은 아무도 살아 있지 않지만,
> 그 유명한 날과 해를 기억하는 자는.

노스 엔드의 가장자리는 번성했던 해운업을 반영하듯 선착장들이 많다. 손가락을 길게 펼친 모습으로 멋진 수변공간을 연출한다. 요트와 보트는 주요 수상 이동 수단이다. 한때는 저장고로 사용되던 건물들이 최근에는 리모델링을 통해 값비싼 주택이 되었다. 미국인들이 샌프란시스코와 함께 가장 살고 싶은 도시로 보스턴을 꼽는 이유는 바로 물과 보트가 도시 안에 들어와 있기 때문이다.

여름에 노스 엔드를 방문한다면, 주말마다 있는 여름 페스티벌 퍼레이드를 꼭 체험해야 한다. 특히 8월 마지막 주말에 있는 성 앤토니 페스티벌은 노스 엔드의 가장 중요한 거리 축제이다. 퍼포먼스가 있고, 밴드가 있고, 이탈리안 가톨릭의 종교적 의식도 있다. 봄에 있는 종묘제악을 봐야만 '진짜' 종묘의 참모습을 본 것과 마찬가지로, 성 앤토니 페스티벌을 봐야 노스 엔드의 문화적 코드를 잘 이해할 수 있다.

노스 엔드 중심부에는 미국의 다른 도시에서는 볼 수 없는 좁은 폭의 도로들

이 굽이굽이 펼쳐진다. 중심거리를 따라 가다보면 17~18세기 보스턴에 지어진 장식적인 건물이 그대로 남아 있고 곳곳에 이탈리안 레스토랑과 노상 카페가 즐비하다. 거리의 중심 즈음에 폴 리비어 몰이라는 공원이 나오고, 그 끝에 올드 노스 교회의 종루가 보인다.

올드 노스 교회는 보스턴에서 가장 오래된 교회다. 영국 식민시대만 해도 미국이 얼마나 보잘것없는 국가였는지 한눈에 알 수 있게 해주는 건축물이다. 몰을 나와 조금만 더 걸으면 폴 리비어 생가가 나온다. 벽돌 건물만 가득 찬 동네에 이 집만 유독 국방색의 나무집이다. 보존 가치가 있어 여러 차례 개보수를 했지만, 1680년 원형의 모습을 잘 간직한 것으로 알려져 있다. 집의 코너에 보면 눈물방울과 같이 나무를 깎아 만든 장식과 유리창의 패턴 모습이 미국 초기(17세기) 목조 주거 건물 양식의 특성을 잘 보여준다.

폴 리비어는 은세공인이었지만 전쟁에서의 업적을 인정받아 전쟁 후 상당한 부와 명예를 얻게 된다. 은세공을 하고 있던 폴 리비어는 독립 전쟁 후 귀금속 수요가 줄자 사업 분야를 귀금속에서 일반 철물 세공으로 바꾸었다. 그는 금은 대신 철과 구리를 선택해서 수많은 교회 종탑을 세웠다. 비콘 힐의 주정부 청사의 금색 돔 또한 폴 리비어가 제작했다. 그의 무덤은 보스턴 도심 한 가운데 있는 공동묘지 그래너리 야드에 다른 호국 영령들과 함께 안치되어 있다.

나는 유학을 오자마자 처음 맡은 설계 과제 대지가 노스 엔드에 있었던 덕분에 보스턴의 다른 어느 곳보다도 노스 엔드를 먼저 알게 되었다. 과제 대지는 폴 리비어 생가가 있는 노스 스퀘어 광장 길 건너편에 있었다. (그림 3-4) 노스 스퀘어는 초창기 보스턴 설립자였던 퓨리턴 목사의 집회소와 당대 세력가의 주택이 있었던 역사적인 장소이기도 했다.

그런 사전 지식이 없었던 내게 이 광장은 형태와 색깔 그리고 재료와 질감으

그림 3-5 폴 리비어 생가. 지붕의 삼각형 밑변의 꼭짓점에 있는 눈물 모양의 장식들이 이 집이 고식(古式)임을 보여준다. 뉴잉글랜드 지방의 전통 가옥들은 대개 해풍에 강한 삼나무로 외장을 했다. 아스팔트가 깔리기 이전의 도로 모습과 벽돌 인도에 깔린 프리덤 트레일 마크 모습이 보인다.

로 다가왔다. 벽 앞으로 불룩 솟아나온 창문 모양이, 그것도 코너는 반원형 형태 그 외의 부분은 반 육각형 형태 등이 이상해 보였다. 빨강 간판 위에 금색 글씨와 벽돌 위의 초록색 창틀 또한 이상해 보였다. 외벽에 달라 붙어 있는 방화용 철제 피난계단과 가로등을 왜 하필 검은색으로 칠했는지 이해가 되지 않았다. 나무 창틀 위에 번들번들하게 칠한 니스도 거북하게 느껴졌다. 이곳의 모든 것은 어떠한 체계가 없는 여러 양식의 혼합이자 과도한 장식, 여행자들을 향한 호객행위로 보였다.

11년을 보스턴에서 살았고, 귀국을 한 지 이제 4년째 접어든다. 요새도 가끔씩 꿈에 보스턴이 배경으로 나온다. 그 배경은 세계적인 건축가가 디자인한 순수한 투명한 유리도, 그렇다고 초원 위에 있는 백색의 건축도 아니다. 어김없이 위에서 내가 언급한 유치하다고 한 요소들의 조합으로 이뤄진 건축물이다. 그래서 이제는 안다. 처음에 내가 이상하고 유치하다고 여겼던 것들이 사실은 보스턴 건축의 본질이라는 사실을.

그리고 내가 굳이 보스턴을 다시 방문한다면 그것은 세계적인 건축가들의 대작을 보러 가는 것이 아니다. 노스 스퀘어 같은 장소를 걸으며 벽돌을 손으로 눌러보고, 변하고 있는 바닥의 질감을 느끼고, 해풍 냄새를 맡고, 맘에 드는 음식점을 골라 해산물 스파게티를 먹기 위해서 가는 것이다.

역사 이야기를 통해 도시 기억장치 만들기

"만약 이 사진(그림 3-6)을 사람들에게 보여주고 무엇이 가장 마음에 드는지 물어본다면 답은 보스턴에 산 횟수와 관심사에 따라 다를 것이다. 타이포그래피를 하는 사람이라면 간판 글씨라고 할 것이고, 친환경론자라면 차양이라고 할 것이고, 도시설계가라면 거리까지 나올 수 있는 나무문이라 할 것이다.

보스턴에 산 적이 있다면, 이 레스토랑이 위치한 지역이 뉴욕의 리틀 이탈리아처럼, 이탈리아 사람들이 이민와서 만든 타운인 노스 엔드라는 사실을 쉽게 알 수 있다. 또한 이 레스토랑의 음식이 수준급이라는 사실도 알고 있을 것이다.

아티스트라면 금색과 크림슨 색과 흑색과 벽돌색과 나무색이 구 보스턴의 5색이라고 할 것이고, 재료에 관심이 많은 사람이라면 각각의 공예라 할 것이다. 그렇다, 이 집은 평범하다. 건축가라면 절대로 언급하지 않았을 이 집의 비밀은 평범하지만, 결코 평범치 않은 데 있다.

나는 이 사진을 찍을 때 차가 오나 안 오나 살펴보고 길거리까지 나가서 찍었다. 바닥에 있는 벽돌 줄을 담기 위해서였다. 약 4킬로미터에 달하는 벽돌 줄은 보스턴의 주요 역사를 잇는다.

보도에 아로새겨진 벽돌 줄을 4시간 동안 걸어가면 다운타운 보스턴에서, 노스 엔드, 찰스타운 네이비 야드, 벙커힐 기념탑까지 연결된다. 보스턴 프리덤 트레일Boston Freedom Trail이라 불리는 이 벽돌 줄은 때로는 묘지를, 때로는 오래된 교회당을, 때로는 공원을, 때로는 위엄 있는 건축물을 잇는다.

각 지역에서 이제는 역사화되고 기념이 된 미국 혁명 주체 세력들의 사상과 투쟁의 이야기가 흘러 나온다. 사무엘 아담스Samuel Adams, 독립혁명 주체세력 멤버와 존 핸콕John Hancock, 독립혁명 주체세력 멤버의 글들과 케네디와 오바마의 글들이 벽돌 줄을 밟은 자들에 의해 생산된 사실은 우연이 아니다.

좋은 도시는 좋은 이야기가 많은 거리로 넘쳐난다. 이야기는 도시의 거리를

그림 3-6 보스턴의 리틀 이탈리아라 불리는 레스토랑.

풍성하게 하고 개별 건축을 하나의 이야기로 묶어준다. 책 속에서 딱딱하게 다가왔던 역사적 사실들이 발걸음과 만짐의 대상인 재미나는 체험물로 다가온다. 역사의 영웅들이 올림피안 빛으로 가득찬 아크로폴리스에서만 탄생되는 것이 아니라 내가 살고 있는 동네에서 태어난다는 사실이 신기하게 다가온다. 나도 우리의 미래를 열 수 있는 주체가 될 수 있다는 신념이 자신도 모르는 사이에 자리 잡는다.

 도시는 과거를 통해 미래를 빚어나간다. 도시는 어제의 지혜로 내일의 희망을 열어나간다. 마찬가지로 도시는 지극히 작은 재료의 실험을 통해 웅장한 건축군을 만든다. 이야기와 건축이 만나면, 재미와 실험이 공존하는 도시가 되고, 옛사람처럼 새사람도 빛나는 사회를 물려줘야 한다는 마음이 생겨나는 도시가 탄생한다. 그것은 쉽게 지울 수 없는 도시이고, 인물을 빚어내는 도시이다.

다운타운
: 옛것과 새것이 공존하는 활력의 거리

ⓐ 로즈 케네디 그린웨이 Rose Kennedy Greenway
ⓑ 퀸시 마켓 Quincy Market
ⓒ 보스턴 시청사 Boston City Hall
ⓓ 커스텀 하우스 타워 Custom House
ⓔ 로우즈 워프 Rowes Wharf
ⓕ 연방 법원 Federal Court
ⓖ 보스턴 현대미술관 ICA
ⓗ 포 포인트 해협 Four points Channel
ⓘ 보스턴 컨벤션센터 Boston Convention Center
ⓙ 다운타운 크로싱 Downtown Crossing
ⓚ 필린스 베이스먼트 Filene's Basement
ⓛ 그래너리 야드 Granary Burying Ground
ⓜ 파크 스트리트 교회 Park Street Church
ⓝ 파커 하우스 Parker House
ⓞ 윈트롭 빌딩 Winthrop BD

네 번째 이야기

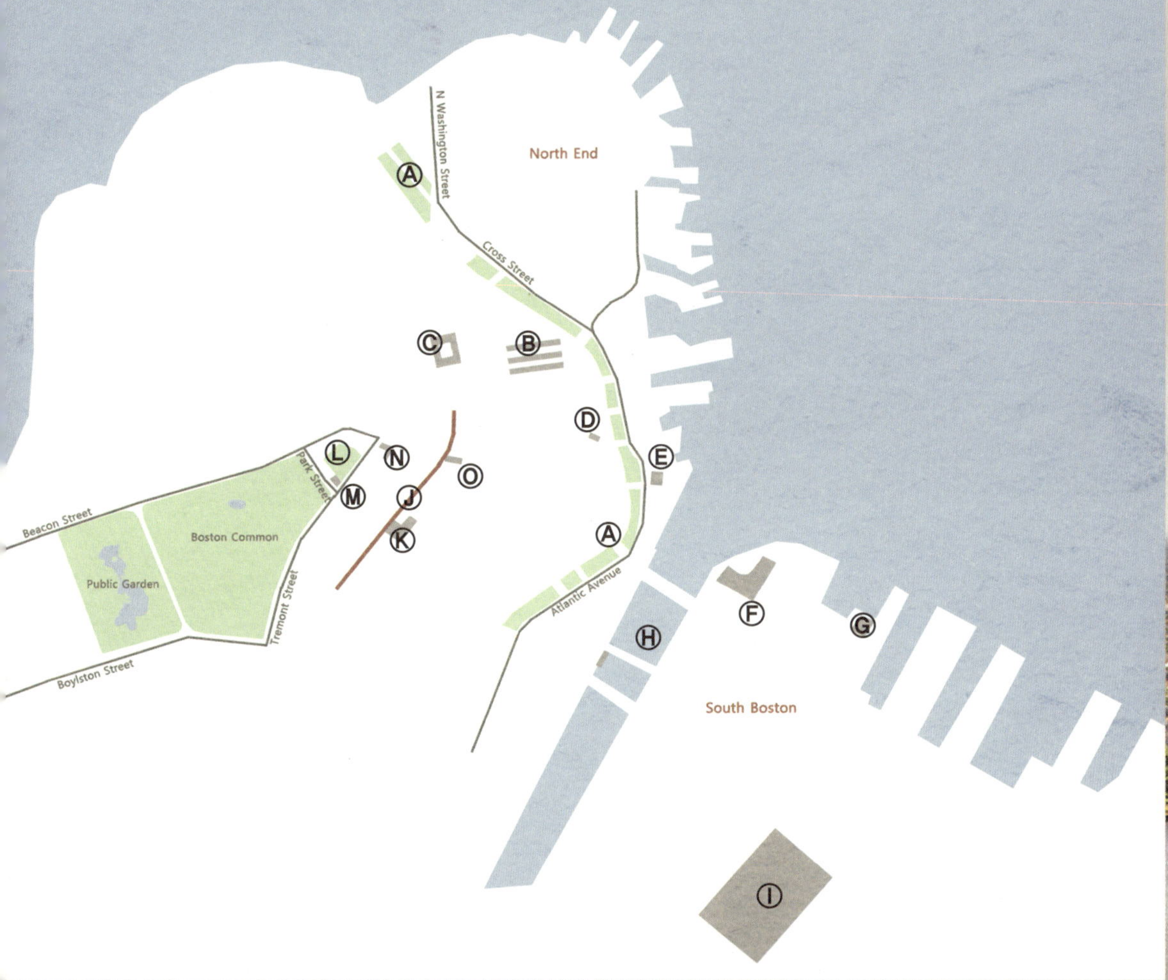
North End
N Washington Street
Cross Street
Beacon Street
Park Street
Boston Common
Public Garden
Tremont Street
Boylston Street
Atlantic Avenue
South Boston
Ⓐ
Ⓑ
Ⓒ
Ⓓ
Ⓔ
Ⓕ
Ⓖ
Ⓗ
Ⓘ
Ⓙ
Ⓚ
Ⓛ
Ⓜ
Ⓝ
Ⓞ

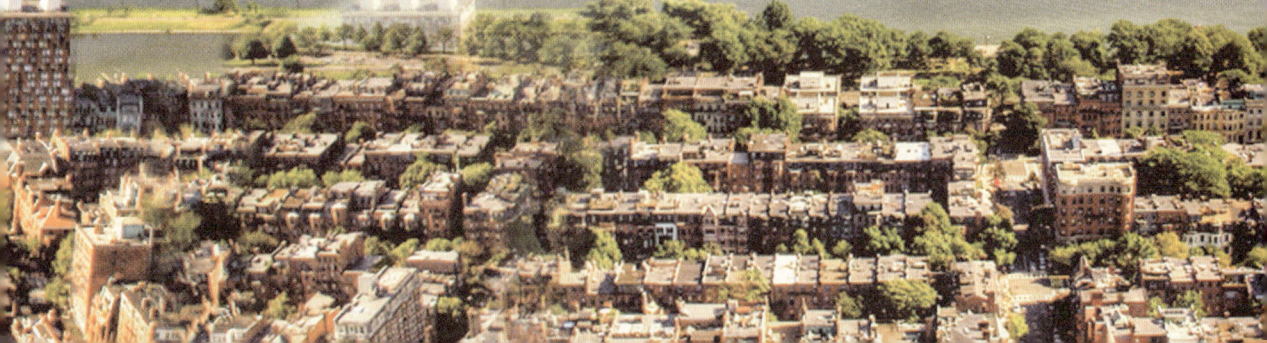

그림 4-1 보스턴 다운타운의 전경. A는 파이렌스 백화점, B는 보스턴 시청사, C는 패늘 회관, D는 퀸시 마켓, E는 커스텀 하우스 타워, F는 로즈 케네디 그린웨이이다.

다운타운의 공공의 길

보스턴의 다운타운 지역은 엄밀히 말하면 네 부분으로 나뉠 수 있다. 시청을 중심으로 있는 정부기관 지역, 고층 건축물들이 있는 금융지역, 다운타운 크로싱이 있는 센추럴 비즈니스 지역, 그리고 대서양을 면하고 있는 워터 프론트 지역이다.

노스 엔드 지역과 비콘 힐 지역을 연결하는 역할을 하고 있는 곳이 그림 4-1에 보이는 로즈 케네디 그린웨이Rose Kennedy Greenway와 퀸시 마켓Quincy Market, 그리고 시청사다. 시카고나 뉴욕 같은 격자 형식의 반듯함은 없지만, 오래된 도시 특유의 유기적 거리체계와 옛것과 새것이 공존하는 도시의 활력을 맛보기 위해서는 다운타운을 활보해야 한다.

이곳을 걷다보면 우리가 말하는 소위 시민에게 열려 있는 시청사와 물건을 내다 파는 시장, 그리고 신록으로 가득한 공원이 어떻게 유기적으로 연계되어 빽빽하고 분주한 도시를 관통하고 모두에게 접근 가능한 공공의 길Public Way을 이루고, 도시에 활력을 불어넣어야 하는지 알 수 있다. 그림 4-1에 나온 순서

대로 파이렌스 백화점 지하철역에서 내려, 시청으로 걸어가서, 퀸시 마켓을 지나 로즈 케네디 그린웨이를 걷는다면 오랜만에 정말 걷고 싶은 거리를 만났다고 느낄 수 있을 것이다.

공공의 길은 개별 건물을 뛰어넘는 연속된 도시 체험이다. 공공의 길은 박물관을 넘어 문화, 시청을 넘어 정책 참여, 백화점을 넘어 즐거움, 유적지를 넘어 역사 체험, 공원을 넘어 녹지 가꿈, 해변을 넘어 자연 발견을 체험하도록 해주어야 한다. 공공의 길은 공공의 관심사를 연결한 망을 조직하여 핏줄같이 도시 구석구석으로 들어가, 도시 전체를 숨쉬게 하는 체험의 길, 창조의 길, 꿈의 길이어야 한다.

보스턴 시청사

먼저 보스턴 시청사에 대해 얘기해보자. 보스턴 시청사는 나의 교수님이기도 했던 마이클 맥키넬Michael Mckinnell 교수가 디자인했다. 마이클 맥키넬은 1960년대 당시 세계적인 국제 공모전이었던 보스턴 시청사 공모전에 참여해 수많은 건축가를 제치고 당당히 당선된 건축가로, 당시 23세의 신예였다. 보스턴 시청사는 세계 건축사에서도 특별한 위치를 갖게 된다.

세계대전 후, 대량의 건물 부족을 만회하기 위해 세계 각처에서는 시공의 표준화를 목표로 각 도시의 지역적 색깔을 잃은 채 대량의 건축물을 만들기에만 급급했다. 이에 대한 반발로 도시의 랜드마크 건축물을 통한 장소성의 부활을 점화했던 불씨인 보스턴 시청은 굳건하게 자리매김하고 있다. 물론 새로운 시청과 광장이 기존에 있던 보스턴의 걷기 좋은 길을 파괴했다고 비판하는 세력

그림 4-2 한여름 로즈 케네디 그린웨이에서 커스텀 하우스 타워를 바라본 모습. 한때 고가도로가 지나고, 차로 빼곡해서 먼지가 가득했고, 고가도로 아래에는 찌든 오줌 냄새와 범죄의 온상이었던 이 지역이 이렇게 변했다. 이제 차도는 모두 지하로 내려갔고, 지상의 길은 시민의 보행을 위해 녹지 공원이 되었다. 건축이 세대를 걸쳐 도심의 보석이 되려면 우리도 커스텀 하우스 타워와 같이 미래까지 바라보며 정성을 다해 지어야 한다. 그렇게 해야만 걷고 싶고 즐기고 싶은 길이 될 수 있다.

그림 4-3 오른쪽 상단 이미지는 보스턴 시청사 공모전 당시(1962년) 스케치, 오른쪽 하단은 당시 《보스턴 글로브》에 소개된 기사로 왼쪽에서 두 번째가 마이클 맥키넬이다. 왼쪽의 큰 이미지는 2008년 현재 그의 모습이다.

도 만만치 않았다.

나는 맥키넬의 시청이 다운타운 보스턴의 랜드마크라고 생각한다. 파이렌스 백화점을 지나 걸어오면 시청 바로 앞의 패늘 회관과 보스턴의 명물인 쇼핑센터 퀸시 마켓, 커스텀 하우스 타워^{현재} Marriott's Custom House Hotel, 그리고 로즈 케네디 그린웨이로 연결되는 걷기 좋은 코스의 핵심 지점에 보스턴 시청사가 있다. 도시의 길이라는 네트워크와 도시의 녹지공원이라는 그린 네트워크를 연결해주는 관절로서 톡톡히 그 기능을 하고 있다.

건축적으로 보스턴 시청사는 당대로는 상상하기 힘든 새로운 형식으로, 시민을 위한 열린 공공 건축물을 보여준다. 일층의 넓은 광장과 대지와의 관계성

그림 4-4 보스턴 시청사는 1960년대 건축을 대표한다. 거친 콘크리트 마감에 육중함을 그대로 노출시켰다. 개성과 지역성을 잃어가던 세계대전 이후의 도시에 건축의 무게와 기념비성을 심어 도시의 장소성을 되찾자는 운동의 일환으로 지어졌다. 이 건축을 좋아하느냐 그렇지 않느냐에 따라 건축을 바라보는 관점이 둘로 나뉠 수 있다. 현재 보스턴 시장 메니노는 이 건물을 허물고 싶어 안달이라고 한다. 좌측 하단이 옥외 마당이고 우측 하단에 있는 사진으로 들어서면 만나게 되는 계단이다. 우측 상단 사진은 르 코르뷔지에를 닮은 빛 우물이다. 보스턴 시청사는 내외, 상하의 공간들이 교차하고 열리며 만들어진 건축이다. 무겁고 심각하고 어두워야 하는데, 적어도 내 눈에는 이와 반대로 가볍고 밝고 발랄해 보인다.

그림 4-5 퀸시 마켓의 과거와 현재 모습.

은 도시에 새로운 열림과 시민과의 소통을 표상하는 건축이었다. 또한 청사 안으로 들어가면, 콘크리트의 깊고 두툼한 벽을 뚫어 유리를 끼운 커다란 창문을 통해 도시의 주요 장소들이 한눈에 들어온다.

건축가 르 코르뷔지에Le Corbusier의 라뚜어레트코르뷔지에가 말년에 설계한 대표적인 작품. D자형으로 노출 콘크리트로 지어졌으며 빛의 연출이 뛰어남 수도원과 마찬가지로 중앙에 코트 야드를 가진 이 건축물의 중심은 로비다. 여기서 아홉 층의 벽돌 층계를 밟으며 천창天窓을 통해 쏟아지는 불빛을 받으며 건물 구석구석으로 올라가게 된다. 지금 보아도 신선한 맥키넬의 초기 스케치들은 건축이 그저 저장실로 끝나기를 바라지 않고, 오히려 시민들과 적극적으로 관계하며 탁 트인 '열린 공간 체계'로 만들고자 한 의지가 돋보인다.

《뉴욕 타임스》의 건축비평가였던 아다 루이 헉스터블Ada Louis Huxtable은 1969년 2월 4일 보스턴 시청사를 다음과 같이 평했다. "7년에 걸쳐 완공된 이 작품은 디자인을 한 치도 양보하지 않았다. 그 결과 거칠고 복잡한 시대에 강인하고 복합적인, 위엄 있고 인문적이면서도 힘이 전달되는 건물을 선보였다. 그것은 거침과 부드러움의 절묘한 조화로, 시대를 초월할 것이다."

퀸시 마켓과
빅 딕

시청을 나오면 눈앞에 패늘 회관과 퀸시 마켓이 펼쳐진다. 오른쪽에 보이는 커스텀 하우스 타워와 퀸시 마켓은 보스턴이 자랑하는 명물이다. 사실 1970년대 중반 퀸시 마켓은 개발 압력에 의해 저층 저장고는 몽땅 헐리고 초고층 건축이 들어설 뻔한 위기가 있었다.

개발업자 제임스 라우스James Rouse와 건축가 벤자민 톰슨Benjamin Thompson은 위기로부터 저층 저장고를 구하고 리모델링을 거쳐 퀸시 마켓을 현재와 같이 수익성이 높은 관광명소로 탈바꿈시켰다. 이는 넝마 같은 지저분한 과거의 모습은 쓸어버리고, 고층 고밀의 개발로 도심을 살려야 한다는 주장에 훌륭한 대안이 되었다. 이곳은 일년 내내 관광객들로 북적대고, 겨울을 제외한 봄, 여름, 가을에는 수많은 거리 공연이 펼쳐지는 장소로 변했다.

뉴잉글랜드 지방은 손으로 만든 양초가 유명한데, 그래서 퀸시 마켓 지하는 향초 향기로 가득하다. 일층은 식당가인데, 해산물 튀김이나 두툼한 소시지를 먹으면서 미국 전역에서 몰려든 방문객들을 구경하는 것 또한 빼놓을 수 없는 볼거리다.

퀸시 마켓을 나오면 로즈 케네디 그린웨이가 나온다. 서울에서 청계천 고가도로를 철거하고 있을 때, 보스턴에서도 고가도로를 없애고 있었다. 고가도로 대신 지하도로 만들고, 지상은 공원과 녹지 조성을 계획했다. 연방정부 단일 토목 예산으로는 가장 큰 프로젝트였던 이 사업을 가리켜 보스턴에서는 빅 딕 Big Dig이라 불렀다.

빅 딕 사업의 성공 여부에 대한 판단과 파급효과는 조금 더 시간을 두고 살펴봐야겠지만 우선 자동차 중심이던 도심을 다시 사람 중심으로 만들겠다는 의지만큼은 분명하다. 내가 유학을 간 1998년도에 이미 공사 중이었는데, 11년의 보스턴 생활을 마치고 돌아오던 해에도 여전히 공사는 진행 중이었다. 마침내 2009년 여름에야 나는 완성된 로즈 케네디 그린웨이의 모습을 볼 수 있었다.

한때 우리나라 인천은 국가의 물류 거점기지로, 서울과 연결되는 우리나라 최초의 철도를 깔고 국가 경제 성장을 주도했다. 해안도시이고 공업에 의지해 일어선 도시라는 점에서 인천은 보스턴을 닮았다. 현재 경인선은 인천을 남북

그림 4-6 로즈 케네디 그린웨이의 일부분. 작은 사진은 큰 사진의 코너 부분이다.

그림 4-7 대서양 쪽에서 로우즈 워프 앞 해변을 바라본 모습. 로우즈 워프는 물과 녹지 경계에 세워진 하나의 틀로 도시에 활력을 넣는다. A는 로즈 케네디 그린웨이, B는 로우즈 워프, C는 보스턴 아쿠아리움이다.

으로 나눠 구도심을 단절시키고 있다. 최소한 구도심 지역인 중구, 남구, 동구의 경인선은 지하화하고 공원으로 개발하여 인천의 남북 지역을 보스턴같이 연결해주어야 한다.

빅 딕 사업은 문제도 많고 말도 많았다. 구조 설계를 맡았던 르메쥐 건축사 사무실이 돈을 얼마나 벌었다더라, 시공업체의 비리가 심각했다더라, 사람이 얼마나 죽었다더라, 진공이 심해 들어서려고 했던 박물관이 모두 취소되었다더라 등등 수많은 얘깃거리가 있다. 그렇지만 나는 여기서 한 가지만 지적하고 싶다.

바로 그림 4-6에서 볼 수 있는 것처럼, 돌바닥은 물론 철제 핸드레일과 배수로에 쏟아 부은 정성이다. 돌 두께나 질감을 보면 결코 값이 싸지 않은 소재다. 또한 돌과 돌 사이에 핸드레일을 붙잡는 철제 막대기를 심는 섬세함, 그 아래 보일락 말락 한 배수로 처리를 보니 한 번 할 때 제대로 하는 보스턴 사람들의 굳은 의지가 보였다. 후손이 보아도 부끄럽지 않을 시공, 어디 내놓아도 자랑스러울 수준의 시공, 천년 후에 지어졌다고 해도 무방할 수준의 시공. 이처럼 작은 것들이 모여 위대한 장소가 탄생하고, 위대한 도시가 완성된다.

워프와
도시 수변 공간 문제

*로즈 케네디 그린웨이를 따라 내려가다 보면 보스턴의 또 다른 명물인 해안 건축물을 만나게 된다. 바로 뉴욕의 SOM 사무소에서 디자인한 로우즈 워프Rowes Wharf가 나온다. 로건 공항으로 가는 수상 택시 정류장이 있는 이곳은 역사적으로 연락선들이 선착할 수 있는 항구이기

도 했다. 복합적인 용도로 디자인된 이 건물은 매우 성공적인 해변 건축물로 꼽힌다.

그림 4-7에서 보는 것과 같이 로우즈 워프, 연방 법원, 보스턴 현대미술관(ICA, Institute of Contemporary Art)은 모두 해변에 위치해 '물'이라는 요소를 건축적 장치로 사용하고 있다. 물과 건물이 세워지는 대지 사이에 플라자를 형성하여 건물 중심을 물과의 적극적인 관계를 통해 규정하고 있다. 이처럼 물은 건축을 살릴 수 있는 힘이 있다. 물에 의해 살아난 건축물이 띠를 이룰 때, 물은 도시를 살린다. 이러한 도시는 많은 사람들이 사랑하고 계속해서 찾는다. 결과적으로 물은 사람도 살릴 수 있는 힘을 가진다. 미국 주요 도시들은 모두 물을 도시 안으로 끌어안고 있다.

서울의 올림픽대로와 강변도로의 실패는 걸어서 한강에 가는 길을 모두 막아버린 데 있다. 시민이 걸어서 강, 바다로 가는 길을 차단하는 차도 계획은 피해야 한다.

여름철 목요일 저녁마다 이곳에서 열리는 라이브 콘세르트는 일품이다. 첼로의 깊은 소리와 구수한 색소폰 소리가 바쁘게 찍어대는 피아노 건반 소리와 어우러져 '사는 재미가 이런 것이구나' 하고 느끼게 한다. 도시에 가득했던 다채로운 색깔을 일몰이 거두어 가며, 밤이 새롭게 시작되고 조명의 세계가 펼쳐진다. 바다 바람을 느끼며 파도 소리를 들으며 이 광경을 바라보는 것은 살면서 가끔씩 찾아오는 진짜 행복이다. 순간적으로 이곳이 전설로만 전하는 아틀란티스가 아닌지 착각하게 만든다.

그림 4-8 시공 중인 ICA(보스턴 현대미술관) 모습. ICA가 위치한 곳은 사우스 보스턴 지역이다. ICA 바로 앞이 대서양이고, 사진 우측 상단이 포 포인트 해협으로, 보스턴 다운타운과 함께 사우스 보스턴을 가른다.

그림 4-9 ICA가 있는 지역은 바닷물과 민물이 만나는 지역이다. 안개가 자주 끼어 ICA가 수면에 떠 있는 듯한 느낌이 더해진다. 전시품들도 도전적이고 실험적인 관점이 내포된 작품들이 많다.

보스턴 현대미술관
— 도시 브랜드 첨단화

건축학과에 여학생의 비율이 높아지고 있다. 머지않아 반 이상의 건축가가 여성이 되리라 예상된다. 사실 미美를 다루는 디자인 영역은 섬세하고 미적 감각이 풍부한 여성의 영역인 것 같다.

내가 존경하는 여성 건축가는 엘리자베스 딜러Elizabeth Diller, 빌리 첸Bille Tsien, 카주오 세이지마Kazuo Sejima 등이 있다. 여기서는 건축계의 최고 지식인이자 뛰어난 건축가인 엘리자베스 딜러에 대해 얘기할까 한다. 건축을 향한 그녀의 뜨거운 열정과 탐구, 이를 드러내는 생각과 행동은 언제 들어도 차고 곧은데 항상 정곡을 찌르며 날카롭다.

나는 2002년 딜러가 디자인한 스위스 박람회 미국관을 잡지로 봤다. 그것은 마치 호수 위에 낮게 깔린 구름 같았다. 순간적으로 모습이 드러났다 금방 지워졌다. 그녀의 말처럼 이 작품은 순간을 포착하고 있었고, 공간과 형태의 경계는 지워져 갔다. 비영속적, 비정형적, 비기하학적, 비중심적, 비위계적, 비외피적 분무였다. 오래된 건축의 각 잡기와 무거운 교리를 이처럼 철저히 무장해제시킨 작품은 이전까지 없었다.

이집트 피라미드 하면 떠오르는 항성, 물성, 형태, 문자 같은 생각은 사실 건축이라는 분야를 지탱하고 있는 오래된 기초인데, 그녀의 구름 같은 파빌리온Pavilion은 이와 반대편에 서 있었다. 그녀의 건축사사무소 '딜러 스코피디오'는 순식간에 세계가 주목하는 건축계의 핵심으로 떠올랐다.

딜러가 보스턴 현대미술관 공모전에 당선되었다는 소식을 듣고 나는 몹시 기뻤다. 앞서가는 그녀의 생각과 디자인은 부드러우면서도 톡 쏘는 신선함 그 자체였다. 완공된 작품은 보스턴 부둣가 가장자리에 서 있는데, 소금기 가득한 해풍이 느껴지는 곳이다. 수면을 가로질러 보스턴 다운타운의 고층 건물군이 역사의 켜를 드러내며 멋진 스카이라인이 되어 눈앞에 펼쳐졌다. 거부할 수 없는 자연의 원초적 냄새와 인공의 경쟁적 경관이 팽팽히 당기는 장소다.

그녀의 작품은 장소의 긴장감을 그대로 살렸다. 바다와 도시를 동시에 체험하는 판을 땅 위에 띄운다. 보행자를 위해 판과 땅 사이에 나무 데킹decking, 마룻장을 만들어 외부 광장을 조성했다. 광장은 바다와 연결되어 있는데, 동시에 내부 공연장과도 연결된다. 무대에서 공연 중인 댄서들의 몸짓이 수평선을 배경 삼아 퍼진다.

붕붕 떠 있는 판 아래쪽에 혓바닥처럼 나와 있는 부분이 '미디어테크'라 불리는 경사진 방이다. 스크린이 계단의 급경사를 따라 나 있고, 그 끝에 유리 벽면을 두어 바닷물을 보도록 했다. 가파른 방의 급경사가 속을 울렁거리게 하면서 의식을 흐리게 한다. 스크린을 통해 연결될 수 있는 정보의 바다와 자연의 바다가 겹쳐진다. 출렁이는 물과 스크린이 상상을 자극한다. 한때, 배로 오고가던 재화가 이제는 스크린을 통해 자유롭게 넘나든다. 공간과 시간의 압축성이 미디어의 파워라는 사실이 각인된다.

달변가이기도 한 엘리자베스 딜러는 자신의 작품을 가리켜 이렇게 말했다. "이곳이 일종의 스크린 역할을 하길 바랐어요. 부두의 가장자리에 있는 만큼 변하는 물의 흐름을 고스란히 담고, 바깥세상에 대해 호기심을 갖고 조금씩 볼 수 있게 말이죠." 새로운 비전이란 대부분 추상화된 텍스트나 사상으로 존재하지만, 이 경우는 구체적인 물리적 사물로 보여주고 있다.

혁신적인 재료 사용법이 이를 가능하게 해주었다. 공모전 당시 엘리자베스 딜러가 가장 기대를 걸었던 재료는 평소에는 반투명하게 있다가 사람이 다가서면 투명해지는 렌티큘러 필름lenticular이었다. 이 재료는 컴퓨터 스크린뿐만 아니라 유리벽도 사람의 움직임에 따라 반응하는 인터액티브한 면이 될 수 있다는 사실을 보여주었다.

시공 당시 박물관 이사회가 현장을 방문했는데, 그들은 유리를 끼기 전에 눈앞에 펼쳐진 보스턴 장관을 보고 놀라, 렌티큘러 필름 대신 투명한 전면 유리로 교체하라고 지시했다. 《보스턴 글로브》 건축비평가인 로버트 캠벨Robert Campbell은 호기심을 유발하며 점진적으로 보스턴의 장관을 드러낼 수 있었던 원래 건축안이 실행되지 못한 점을 아쉬워했다.

건축물이 단지 살기 위한 곳이 아니라, 생각이 담긴 장소가 되기 위해서는 작가적 개념도 중요하지만, 시대적 요청에 부응하는 것도 중요하다. 개인의 집념과 노력이 사회의 변화 및 요청과 맞물려 갈 때 건축가들은 그 건축물을 시대적 정신을 담았다고 표현한다. 물리적으로나 정신적으로나 모두 새롭고, 장소적으로나 공간적으로 새롭고, 구조적으로나 재료적으로 새로울 때, 건축은 한 작가의 작품을 뛰어넘는다. 시대의 산물을 낳기 위한 경쟁에서 딜러의 건축은 가히 선두주자라고 할 수 있다.

대학 강단에 서면서 실무를 병행하던 그녀는 오랫동안 실제 지어진 건축물 없이 콘셉트 아티스트처럼 생각을 조직하는 건축가로 명성을 날렸다. 그녀의 전시 기획은 언제나 신선했다. 초반에 미디어 아티스트들과 함께 작업을 하면서 아직 정의되지 않은 디지털 시대에 어울리는 새로

그림 4-10 딜러가 설계한 ICA. 맨위 사진을 보면 보스턴 하버 워크Harbor Walk의 나무 데킹 길의 연속선상에 ICA가 위치함을 알 수 있다. 나무 데킹은 건물의 측면을 따라 가다가 부유하고 있는 유리 박스 아래의 면까지 감고 올라간다. 밑의 두 사진이 ICA 내부의 미디어 데킹 외부와 내부 사진이다.

그림 4-11 아래 그림은 서서히 드러나는 렌티큘러 필름지를 유리에 사용한 공모전 당시의 스케치이고, 위 그림은 실제로 시공된 상태다. 사람과 인터액티브하게 상호작용하는 유리 벽면이 되지 못한 점이 아쉽다.

운 매체를 통해 새롭게 보는 법을 실험했다. 전자시대의 디지털 도구들은 우리에게 혁명적인 혜택을 주면서 경제·정치·문화 구조의 재편성을 가속시키고 있지만, 건축·도시적인 측면에서는 아직 아쉬움이 많다. 사람의 체험을 스크린 속으로 한정시키고, 사람의 오감 중 시각만 과도하게 강조하고 있다. 텔레비전과 인터넷, 영화는 이 시대의 광장이 되었고, 돈이 가장 많이 몰리는 공공예술이 되었다.

20세기에 들어 사람들을 각자의 방에 머물게 한 첫 번째 주범은 라디오였고, 그 다음은 TV, 컴퓨터와 자동차였다. 걷고 즐기고 느껴야 하는 도시가 오로지 듣고 보는 것으로만 압축되어 갔다. 하지만 미디어가 아무리 매혹적이라 할지라도, 그것은 책 속에 펼쳐지는 멋진 상상 속 세상과 별반 다르지 않다. 그것은 머릿속에 그려지는 세상일 뿐이다. 예술로서 건축의 위대함은 인간의 오감을 모두 사용해야 하는 공감각적 예술이라는 사실이다. 자연의 변화를 안으며 감싸는 건축의 공감각적 포용은 시간이 지나도 지속적으로 되살아날 건축의 힘이자 위대함이다. 미디어가 도래하기 전 건축은 사람들의 일상을 뒤흔들 수 있었던 유일한 공공 예술 장치였고 사람들의 물질적, 정신적 지지를 한 몸에 받았다. 그렇게 만들어진 건물은 사람들의 오감을 자극했고, 도시를 자랑스럽게 여기게 하였다. 그것은 우리가 만들어가는 도시가 얼마나 아름답고 즐거운 곳인지 강하게 일깨워주는 물리적 장치였다. 즉, 건축은 가장 힘 있는 미디어다.

딜러의 건축이 의미심장한 이유는 미디어가 건축화될 수 있고, 도시화될 수 있다는 가능성을 보여주기 때문이다. 산업시대에 엘리베이터 발명과 철의 이용으로 도시의 고층화가 가능했고, 나아가 후기 산업시대에 초고층화가 가능했다면, 미디어 디지털 시대인 이 시대의 건축은 어떤 목소리로 역사에 분명한 건축적 코드를 남겨야 하는지 같이 고민해 볼 문제다.

보스턴 컨벤션센터와
라파엘 비뇰리

앞서 소개한 보스턴 현대미술관이 위치한 지역이 사우스 보스턴이다. 2008년 리만 브라더스 사태와 함께 월가 붕괴가 시작되기 전, 사우스 보스턴은 보스턴에서 가장 왕성한 개발이 진행 중인 지역이었다. 사우스 보스턴은 과거에 돌체스터 넥Dorchester Neck이라 불렸는데, 아이리쉬 노동자 계층이 그 중심을 이루었다. 사우스 보스턴은 최근 워터프론트 재개발 운동의 여파로 땅값 상승과 함께 건설로 활력이 넘치는 곳이다. 딜러의 실험적인 박물관이 들어서는가 하면, 반대편에서는 라파엘 비뇰리Rafael Vinoly에 의해 단일 건물로는 보스턴에서 가장 큰 대지를 차지하는 보스턴 컨벤션센터가 계획되었다.

MIT 건축학과 동기 중에 샨 콱Sean Kwok이라는 홍콩 출신 친구가 있다. 졸업 후에 그는 박봉과 철야 근무로 소문난 비뇰리의 건축사사무소에 들어갔고, 보스턴 컨벤션센터 공사 현장의 건축 감리 대표로 일했다. 지붕 철골이 한창 올라가고 있을 때, 그는 갑자기 내게 전화를 걸어서 자신은 곧 홍콩으로 돌아가니 그 전에 빨리 이 역사적인 현장을 같이 보자고 제안했다.

골조를 세우는 현장을 돌아보며 나는 과연 이것을 건물이라고 해야 할지, 아니면 축구장이라고 불러야 할지 분간하기 힘들었다. 수십 채의 건물이 모여 옹기종기 살맛나는 거리를 만드는 보스턴의 기존 건축과는 무관하게, 크기를 짐작하기 어려운 거대한 우주선이 지구에 내려앉은듯 했다. 스케일이 남다른 지역이라 가능한 엄청난 건물이었다.

샨은 위험을 무릅쓰고, 아직 마감이 끝나지 않은 지붕 위로 나를 데리고 올라갔다. 그리곤 자신의 젊음 한 부분을 불태운 비뇰리의 건물을 자랑스럽게 설명했다. 장대한 너비의 공간을 최소한의 기둥으로 덮은 모습은 말 그대로 장관

그림 4-12 사우스 보스턴의 전경. A는 딜러 스코피디오의 ICA, B는 라파엘 비뇰리의 보스턴 컨벤션센터다.

그림 4-13 거리에서 바라보는 비뇰리의 컨벤션센터. 수많은 보스턴 건축가들이 이 건물이 보스턴에는 어울리지 않는 스케일이라고 비판했다. 그러나 사우스 보스턴 지역의 스케일을 알고, 건물의 기능을 생각한다면 이 디자인은 적합했다고 할 수 있다.

이었다. 샨은 그동안 자신의 체험을 열렬히 설명했다. 중세시대 마스터가 되지 못한 젊은 석공들이 대성당 시공 현장을 졸졸 따라다니며 배우는 것과 현재 나와 샨의 상황이 그다지 다르지 않다고 생각하며 그의 설명을 열심히 들었다.

입구 부분에 도로를 향해 30미터 이상 뻗어 나온 캐노피를 가지고 샨은 입에 침이 마르도록 자랑했다. V자형 수직 부재들이 기둥 대신 캐노피를 붙들고 있는 모습을 두고 샨은 "기둥 없이 이렇게 길게 나온 처마를 본 적 있어? 대단하지? 꼭 필요한 곳에 V자형 가새를 두었지만, 나는 것 같은 지붕을 지지재와 땅이 만나는 부위를 최소화해서 얼마나 경쾌한 공간이 연출됐니? 저 길 건너에 있는 건물의 상단부에 있는 캐노피 좀 봐. 눈썹도 아니고 저렇게 짧아서 무슨 캐노피라고." 어느새 샨은 비놀리의 열렬한 신자가 되어 있었다.

샨의 설명을 들으며 나는 현대의 고딕 정신으로 거듭난 많은 건물에 대해 생각했다. 보스턴 컨벤션센터의 지붕 위에서 그 어마어마한 공간을 내려다보며 라파엘 비놀리가 추구하고자 했던 공간에 대해 생각했다. 그가 구축해 내고자 했던 공간이 바로 현대의 고딕공간이 아닐까 싶었다.

중세의 수도사 건축가들은 신학을 건축으로 새기고자 했다. 하늘을 찌를 듯한 높은 건물에 대한 그들의 열정은 그들의 열렬한 신앙심이기도 했다. 그들은 어둠의 반대편에 서고자 했다. 빛으로 충만하고 뾰족하게 높은 신학적 공간에 대한 열정은 여태껏 인류가 보지 못한 건축 양식을 탄생시켰다. 그렇게 태어난 것이 바로 고딕이었다.

높고자 하는 열망과 밝고자 하는 갈망은 돌에 대한 새로운 구법을 끊임없이 요구했다. 노련한 대가들과 재능 넘치는 젊은 석공들은 수학으로 정리만 하지 않았을뿐, 돌의 구조 역학적 속성을 실패와 도전을 거듭하며 발견했다.

무명의 건축가였던 라파엘 비놀리는 도쿄 포럼으로 하루아침에 스타로 거듭

그림 4-14 오른쪽은 도쿄 포럼의 배치를 보여주는 항공사진. 왼쪽은 도쿄 포럼 내부 사진이다.

났다. 그림 4-14 오른쪽 배치도를 보면, 4개의 정사각형 건물과 렌즈처럼 볼록한 건물 사이에 녹지 플라자를 조성하여 단순하면서도 탄력적인 도시 건축을 완성했다. 점심시간마다 직장인들이 쏟아져 나와 유쾌한 웃음소리로 플라자를 채우며 밥을 먹는다.

렌즈처럼 생긴 건물 안으로 들어서는 순간 엄청나게 높은 천장이 거대한 선박의 앙상한 선체 뼈대처럼 드러난다. 눈으로 보아서는 짐작이 가지 않는 무거운 무게의 천장 철골 구조체가 렌즈 양 끝단에 있는 불룩한 기둥 두개를 제외하고는 어떤 지지도 없이 허공에 매달려 있다.

수십 개의 기둥이 있어야 할 것 같은데 단 두 개의 기둥만 있다. 비뇰리는 이 기둥에 이목이 집중될 것을 잘 알았다. 가운데를 불룩하게 하는 엔타시스로 기둥을 처리했다. 처음 입구에 들어온 사람은 끝을 모르고 올라가는 기둥을 따라 눈을 움직이고 웅장한 천장에서 시선을 고정시킨다. 시선이 올라감에 따라 서서히 벌어지던 입이 천장에 와서는 닫힐 줄 모른다.

또한 녹지 플라자쪽 벽면 전부가 엄청난 높이의 유리벽으로 세워져 있다. 유리벽은 높이 올라가는 데 한계가 있다. 이 정도의 높이면 바람이 불어서 벽면에 걸리는 풍하중의 세기가 유리로는 시공이 불가능하다고 할 수 있다. 굉장히 크게 미는 바람의 힘이 잘게 나뉘어 유리면에 분산될 수 있도록 구조물을 짰다. 가급적 유리를 붙잡고 있는 프레임이 방해하지 않도록 유리의 투명성을 고심했던 것 같다. 유리 벽면을 붙잡고 있는 철제 얼개는 너무 얇아 마치 실처럼 보인다. 높고 넓은 공간을 빛으로 가득 채우고자 하는 비뇰리의 열망은 구조의 혁신과 질료의 소멸로 귀결된 점에서 지극히 고딕적이다.

라파엘 비뇰리를 도왔던 일본의 수많은 구조 엔지니어링 하도업체들은 온 정신을 집중하여 불가능의 도전에 응했다.

그림 4–15 라파엘 비뇰리의 시카고 대학 경영대학원. 맨위 사진은 전경 스케치. 가운데 사진은 내부 모델이고 아래 사진은 유리 아트리움의 모습이다.

난공불락의 난제에 대한 그들의 땀과 노력이 맺은 결실은, 집합적인 찬란함이다.

고딕의 후예들은 뼈대같이 구조를 만들고 이를 노출하고자 한다. 그 결과 건축의 비물질화는 촉진되고 벽은 투명해지고 공간은 빛에 의해 이완되기도 하고 수축되기도 한다. 자연과 인공이 하나로 엮인다. 그 관계 안에 사람들이 모

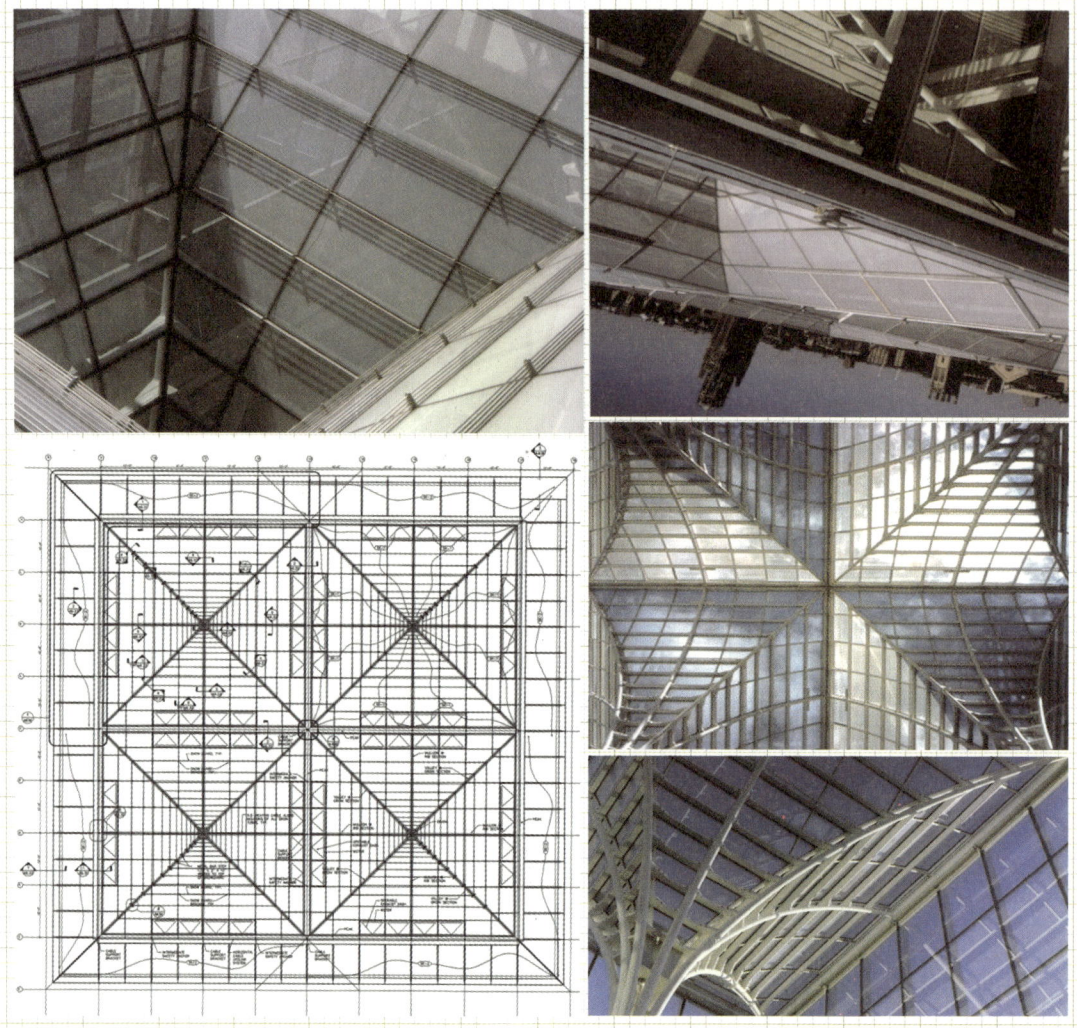

그림 4-16 시카고 대학 경영대학원의 유리 아트리움 구조와 유리 디테일 사진들. 깔때기 모양으로 유리지붕을 덮겠다는 열정, 곡면을 이루는 유리면에 차양 장치를 달겠다는 생각, 인류가 보지 못한 구조미를 연출하겠다는 의지. 현대에도 이런 고딕 정신은 면면히 흐르고 있다. 쉽게 부술 수 없는 건축을 세우는 것은 우리의 과제이다.

인다. 뭉쳐 있던 근육이 풀리고, 막혔던 말문이 열리고, 굽어졌던 마음이 펴진다. 개인보다는 공동체를 강조했고, 천재보다는 집단지성을 귀히 여겼고, 개별성보다는 관계성을 중시했던 중세의 유기적 정신이 현대건축의 고딕화를 통해 되살아난다.

1999년 나는 MIT 일본 워크숍에 선발되어 친구들과 도쿄를 방문할 기회가 있었다. 숨 가쁜 워크숍 일정 때문에 자유시간은 막바지에 짧게 주어졌다. 대부분의 동기들이 도쿄 포럼을 관람하고 수많은 사진을 찍어왔다. 당시만 해도 나는 라파엘 비뇰리보다는 안도 다다오와 마키 후미히코 같은 일본 건축가의 작품을 보러 다니느라 정신이 팔려 있었다. 보스턴에 돌아와 동기들의 슬라이드를 보며, 나는 도쿄 포럼 근처에 있었으면서도 찾아가지 않은 나 자신을 한심스럽게 여겼다. 졸업 후 엘런즈와이그 건축사사무소에서 내가 참여한 첫 프로젝트는 시카고 대학을 위한 과학연구동이었다. 준공을 앞두고 마지막 건축 검사 기간에 시카고 대학에 들른 나는 그때 막 준공을 한 라파엘 비뇰리의 경영대학원 건물을 볼 기회가 있었다.

시카고 대학은 예일 대학교와 함께 미국에서 대표적인 고딕 양식 캠퍼스를 가지고 있다. 그림 4-15를 보면 라파엘 비뇰리가 경영대학원 건물을 디자인하면서 가졌던 생각을 알 수 있다. 먼저 맨위에 있는 스케치의 좌우 끝단에 위치한 건물을 유심히 볼 필요가 있다. 왼쪽 건물은 그 유명한 프랭크 로이드 라이트Frank Lloyd Wright의 로비하우스이고, 오른쪽 건물은 랠프 크램의 고딕 양식 성당이다. 라파엘 비뇰리는 미국 건축사의 대표적인 근대 건축물인 로비하우스와 고딕 양식인 성당 사이에 위치할 자신의 건물이 두 양식을 존중하는 디자인이 되길 원했다.

중앙에 위치한 아트리움은 고딕 아치를 연상하도록 제안했고, 아트리움을 감싸고 있는 솔리드한 부분은 로비하우스의 수평성을 반영하도록 제안했다. 비놀리는 유리 아트리움을 가리켜 윈터 가든Winter Garden이라 불렀고, 이와 마주하고 있는 정원을 가리켜 섬머 가든Summer Garden이라 불렀다.

자본주의의 전도사를 배출하는 미국 최고 경영대학 중 하나인 시카고 경영대학 신축 건물 안에서 나는 혼란에 빠졌다. 상식적으로 생각하면, 교실도 아니고 행정실도 아니고 식당도 아닌 이곳은 아무 기능이 없다. 유리 아트리움 방은 크고 높을 뿐만 아니라 구조적으로도 한껏 뽐냈기 때문에 건축 비용은 지극히 높았다.

그렇다고 박물관같이 관람객이 많아 돈을 버는 곳도 아니다. 짓기 위해 쓴 비용에 비해 회수되는 돈은 없다. 아트리움은 그야말로 경제성도 없고 실용성도 없었다. 폐기처분되어야 마땅한 공간이고 앞으로 다시는 짓지 말아야 하는 낭비다. 그런데 재미있는 사실은 사람들이 이곳에 몰려든다는 것이다. 여기에 아트리움의 모순이 있고, 고딕 정신으로 충만한 공간의 역설이 있다.

나는 아트리움의 소파에 앉아 중세시대 고딕 성당의 건축적 기능을 생각했다. 사람들은 끼니도 겨우 때우고 사는데 도대체 왜 교회는지배기관이라는 의미에서 국가는 헌금을그 시대 관점에서의 세금을 걷어서, 돈은 하나도 벌지 못하는 이 높고 거대한 대성당을 지은 것일까?

도대체 희생과 헌신에 의해 구축된 높고 밝은 공간이 개인, 공동체, 시민에게 끼치는 영향의 실체는 무엇인가? 그것은 결코 빵도, 돈도, 수명 연장도 아니었다. 그것은 오로지 밝은 빛의 소리였다. 그 빛의 소리로 쓰러졌던 개인이 일어섰고, 막혀 있던 공동체가 희망으로 거듭날 수 있었다.

담과 벽으로 가득 찬 어둠의 도시 속에서 앙상히 뼈대만 남아 있는 빛의 공간인 대성당이 중세도시와 인간의 한계에 던졌던 질문과 해답은 너무나 멀고

그림 4-17 보스턴의 유명한 쇼핑거리이자 극장거리인 다운타운 크로싱. 다운타운 크로싱은 워싱턴 스트리트에 있다.

그림 4-18 다운타운 크로싱은 북적거리는 사람들과 주변의 공연장, 극장들로 저녁에는 초현실적 거리로 변한다. 왼쪽에 성조기가 걸려 있는 곳이 필린스 베이스먼트이다. 인근에 보스턴 차이나타운도 있다.

벅차도록 컸다. 그것은 개인 각각에게 몸이라는 틀이 주는 한계와 조직이라는 사회의 틀이 주는 제약으로부터 벗어나 무한으로 뻗을 수 있을 것 같은 착각과 깨달음이었다.

지금의 고딕 후예들이 지은 건축물도 동일한 규모와 충격으로 사람과 도시에게 희망의 반향을 미칠 수 있을까? 이념과 제도의 틀과 규율에 묶여 있는 육신과 사회적 제약이, 고딕 정신으로 가득한 건축과 도시로 인해, '더 다이내믹하고 새로운 민주주의와 자본주의'를 보여줄 수 있을까? 나는 보여줄 수 있다고 믿는다. 고딕적인 건축을 통해 새로운 도시와 역사를 서술하는 주체가 되자. 무려 800년 전에 유럽인이 했다면, 오늘날 우리도 할 수 있다.

필린스 베이스먼트와 도시 재생문제

*쉽게 지은 집은 쉽게 버릴 수 있다. 20년만 지나면 헌 것처럼 여기고 헐어 버리고 싶은 집으로 가득한 도시는 불쌍하다. 짓느라고 수고하고, 부수느라 더 고생한다. 더 무서운 것은 한번 꼴사납게 세워진 환경에 의해 지배받고 있는 우리 아이들은 누가 책임질 것인가?

도시는 과거 지식 체계의 총화인 건축으로 기록되어 있다는 점에서 거대한 도서관이다. 도시는 동시에 물리적인 형태로 시간의 켜에 대한 증거들이 때로는 지워지고 때로는 보존되는 선별의 과정을 거쳐 남았다는 측면에서 거대한 박물관이다. 도시는 공시적으로 사회를 지탱했던 지식의 틀이 담겨 있고, 통시적으로는 시간을 달리하며 진화하는 가치판단의 기준이 녹아 있다. 이 점에서 도시는 시간 기록체이다. 시간의 층위는 과거의 건축과 현대의 건축이 한 건축물 안에서 서로 살을 깎으며 새롭게 거듭날 때 비로소 적극적으로 드러난다.

과거의 건축을 대하는 태도는 세 가지로 나눌 수 있다. 싹 밀어버리고 다시 짓는 재건축이 있을 수 있고, 원형 그대로 유지하는 보전이 있을 수 있고, 원형의 부분 파괴와 현재의 접목인 보존이 있다.

과거의 건축을 모두 원형 그대로 유지하는 것은 어리석은 짓이다. 모든 건축이 옛 궁궐이 될 수는 없다. 지어질 당시에 실용과 일상을 바탕으로 일어난 건축은 보존이 옳다. 이러한 건축물이 많은 동네는 따로 역사의식을 배울 필요가 없다.

많은 건축가들이 건축의 예술성을 고집하고 작품성을 소리 높여 외친다. 동시에 자신의 순수성을 고집하여 과거를 철저히 지우는 과정을 통해 자신의 입지를 만든다. 타블로라사tableau rasa 백지상태라 부르는 이러한 행위는 불도저처럼 자기 주변을 밀고, 단을 만들어 옆 건물과의 거리를 확실히 확보해서 자신의 건축물을 엘리트화 한다.

이런 건축가에게 관계나 시간이라는 말은 존재하지 않는다. 아니, 존재하되 철저히 자기 안에 갇힌 소통이자 역사다. 이들에게는 두 개의 시간대가 비껴가며 생성하는 새로운 소리와 율동을 이해할 능력이 없다.

보스턴의 명동이라 불리는 다운타운 크로싱에는 필린스 베이스먼트Filene's Basement라는 백화점이 있다. 최근 들어 보스턴에서는 백 년 전 시카고의 저명한 건축가 다니엘 번햄Daniel Burnham, 19세기 시카고 도시 디자인의 초석을 놓은 인물이 디자인한 이 건물을 보존하려 하고 있다. 시카고학파의 대부인 번햄의 얼굴은 유지한 채, 내부는 박박 긁어냈다.

불도저로 밀어 없애는 것보다 훨씬 힘들고 지루한 작업이다. 특히 디자인의 꽃이라 할 수 있는 건물의 얼굴을 상당 부분 만지지 못하는 건 건축가 입장에

그림 4-19 위 사진 오른쪽 컬러로 표시된 건물이 필린스 베이스먼트 백화점이다. 사진 왼쪽의 'ㅁ' 자형 건물이 보스턴 시청사이고, 중앙에 있는 녹지가 도심 안의 묘지인 그래너리 야드다. 녹지 위로 보이는 건물이 파커 하우스이고, 녹지 아래로 건물의 끝이 일부 보이는 것이 매사추세츠 주정부 청사이다.

서 생각해 보면 아쉬운 일이다. 마치 미켈란젤로에게 '그림 그리지 말고, 다른 화가 그림 일부분만 색깔 벗기고 다시 칠해봐' 하는 것과 같다. 그럼에도 불구하고, 그들은 도시의 역사를 위해 이 일을 계속하고 있다.

보존은 힘든 작업이지만 결과물은 더 아름답다. 이는 굴복에 가까운 희생을 요구한다. 땀과 눈물의 소산이기에 더 아름답다. 지속가능성을 오로지 경제논리로만 운운할 때, 그것은 그저 반쪽에 불과하다.

간직하고 싶은 건축이 없는 도시는 슬프다. 그리고 간직해야 하는 건축물을 밀어내는 도시는 더 슬프다. 자, 이제 벽돌 한 장부터 다시 쌓자. 벽돌 한 장에 온 땀을 부여하자. 벽돌 한 장이 가질 수 있는 모든 가능성을 실험하자. 후대가 우리의 정성과 실험정신을 기억할 수 있도록 혼신을 불어넣자.

그림 4-20 다운타운 크로싱 근처의 어느 건물 입구. 건축에서 입구는 건물의 얼굴이고, 동시에 거리를 수놓는 공예품이다. 언젠가는 다 폐허로 돌아가야 할 인간의 노력이지만, 살아 있는 동안에는 인류가 세운 도시를 걷고 싶게 하고, 도시답게 하는 흔적이다.

철과 돌의
공예미를 바라보며

　　　　　　　　　　　　　•때로 재료의 과도한 장식은 도시와 인간을 망쳐놓는다. 검소하고 단정하게 시작했던 도시에 어느 순간 장식이 범람한다. 장식의 소유는 지위, 경제력을 드러내고 그로 인해 돈을 사랑하는 자들만 모이게 한다.

　주체할 수 없이 끌려 이 사진(그림 4-20)을 찍은 이유는 간단하다. 돌과 철의 공예미를 뽐내는 과거 보스턴 장인의 재주가 부러워서이다. 어떤 법칙성을 가지고 어떤 연장으로 작업을 해야 이런 경지에 도달하는 걸까? 석공과 대장장이의 경험이 이룩한 경지는 거룩하다. 그 숭고미로 인해 도시는 살아난다.

　담고 있는 글자 내용보다 글자를 잡고 있는 형식에 무게를 싣는다. 장인들의 전형적인 드러냄이다. 재료의 드러냄이 글자의 드러냄보다 위에 있다. 글자가 없었더라도 장인이 도달하고자 한 목적은 이룰 수 있었다. 역시 좋은 내용은 좋은 틀에 의해 완성되고, 좋은 틀은 장인의 재료적 실험정신에 의해 도달되는 지평이다.

　조선시대 이후 이와 같은 장인정신은 우리 산하에서 거의 소멸했다. 과다한 장식이 가져올 수 있는 위험성이 도사리고 있지만, 다시 이러한 장인정신이 일어나야 한다. 설사 복제물이 되더라도, 체계적이고 엄청난 양의 예술품을 쏟아내던 장인정신이 다시 불타올라야 한다.

도시 내 망자를 위한 도시,
그래너리 야드

　　　　　　　　　　　　•지난 학기에 학생들의 도면을 보고 답답한

적이 한두 번이 아니었다. 보스턴에서 본 것은 많은 내가 '이게 아니고 좀더 창의적으로 다르게 그려봐'라고 아무리 학생들에게 말해도, 학생들은 다르게 그리지 못했고, 나 또한 보스턴의 구체적인 건물들을 사례로 보여주려고 트레이싱페이퍼에 그리려 해도 그릴 수가 없었다. 그래서 학생들에게 열심히 보스턴 사진을 찍어서 소개하리라 결심했다.

시차적응을 하지 못한 탓에 새벽 일찍 일어났다. 지하철 패스 정액권을 들고 어디서부터 시작을 해야 할까 고민했다. 보스턴이 낯선 사람에게 나는 무엇으로 보스턴 다운타운의 아름다움을 전할까 고민하다 한곳이 떠올랐다. 바로 일번가에 있는 그래너리 야드Granary Yard 묘지였다.

그래너리는 삼면이 건물로 둘러싸여 있고, 마지막 면이 도로와 면한 대지에 자리 잡은 도심형 묘지다. 이곳 건물들은 역사적으로도 유명하다. 도시 한가운데에 자리 잡은 이 묘지는 사람들에게 쉴 수 있는 녹지를 제공하고, 역사의식을 고취시키고, 동시에 죽은 자들의 도시를 산 자의 도시 속에 배치시켜 현재의 삶을 겸손하게 만드는 역할도 한다.

묘지 모양은 비정형이다. 이 묘지가 건축적으로 특이한 점은 건물 뒷모습을 드러내는 데 있다. 서양 건축사에서 건물 정면에 쏟아 부은 정성은 유별날 정도였다. 보스턴의 대다수 건물들도 도로에 면한 건물의 얼굴인 파사드에 신경을 많이 쓴다. 그래너리는 공공 공간을 향하고, 광장을 향하고, 도로를 향해 있다. 따라서 중요한 건물들의 뒤태를 드러내주는 드문 체험을 할 수 있다.

보스턴은 뉴욕의 그린위치 빌리지와 더불어 미국에서는 몇 안 되는 비정형의 도시 블록과 유기적인 도로망을 가지고 있다. 그래너리는 트레몬트 스트리트Tremont Street, 파크 스트리트Park Street, 비콘 스트리트Beacon Street로 둘러싸여 있는 도시 블록 안에 있다. 특히 트레몬트 스트리트와 파크 스트리트가 만나는 코너에 사회개혁, 인권과 관련해서 큰 의미가 있는 파크 스트리트 교회가 있고, 파크 스트리트와 비콘 스트리트가 만나는 코너에는 보스턴에서 가장 오래된 건축물이 있다.

1660년부터 조성된 그래너리 묘지는 내게 보스턴 출신 미국 위인들이 어떤 사람들인지 알려주었다. 미국사에 큰 획을 그었다고 해도 과언이 아닌 사무엘 아담스, 존 핸콕, 폴 리비어의 묘가 모두 이곳에 있다.(그림 4-21, 4-22 참고) 보스턴 사람들의 이 묘지에 대한 태도는 남다르다. 나는 항상 위인들의 묘에 커다란 기념비를 세워도 모자랄 판에 소박한 비석들을 왜 그대로 두었는지 궁금했다.

보스턴 사람 특유의 꼬장함과 문화적 깊이를 알 수 있는 곳이 바로 이곳이다. 잔디에 넘어질 듯 서 있는 비석들을 보면 누구든 당대 최고의 함대를 가진 대영제국에 비해 미국이 얼마나 초라한 식민국가였는지 알 수 있다. 미국을 건국한 사람들은 자신들을 억압했던 영국 지배세력과 싸웠다. 개국 공신들은 영국과 말로 싸우고, 나중에는 총칼로 싸웠다. 죽음을 두려워하지 않고 맞이할 수 있었던 그들의 기개와 용기는 전설이 되어 미국인 가슴 깊이 새겨져 있다. 오랜 억압으로부터

그림 4-21 도심내 묘지인 그래너리 야드.

피와 땀으로 획득한 자유는 힘들게 쟁취한 만큼 값졌다.

　영국의 식민 억압으로부터, 노예제도라는 계급 억압으로부터, 여성 불평등이라는 성별 차별로부터, 흑인 차별이라는 인종 억압으로부터, 자유를 쟁취해온 것이 바로 미국의 역사다. 호국영령들은 식민 지배 사상과 싸웠고, 한 몸을 내놓아 국가를 살렸다. 이런 사람을 기념하는 자리, 이런 위인을 후손에게 알리는 자리는 어떻게 디자인되어야 하는가?

　그래너리 묘지의 모습은 바로 보스턴 사람들의 방식이다. 도심 한가운데 있어 누구나 쉽게 접근할 수 있지만 거대함도 기념비도 없다. 너무나 초라해 오히려 엄숙한 마음이 든다. 그래너리 묘지는 방문객으로 하여금 들어갈 때는 침묵하게 하고, 나올 때는 역사의식을 갖도록 한다.

파커하우스의 간판

　그림 4-23를 보면, 돈 있고 힘 있는 사람이나 할 수 있을 것 같은 과도한 금테 장식이 보인다. 이 사진을 찍은 이유는 현재 우리 도시와 건축이 안고 있는 큰 문제점 중 한 부분인 재료, 창, 간판의 문제를 다루고 있기 때문이다. 특히 간판에 대해 생각해보자. 이미 많은 건축가들과 도시설계가들이 현재 우리 간판 문화가 심각하다고 비판하고 있고, 심한 경우 천박하다고 주장하고 있다.

　일본에서 비판 없이 수입된 간판 문화는 세대를 거치며 점점 커졌고, 이제는 너무 커져 건물의 벽면이 창문을 빼고는, 심한 경우는 창문까지도 모두 간판이 되었다. 거리가 마치 간판 전시장처럼 흉물스럽게 되어버렸다. 어찌나 고객을 유혹하고자 애쓰는지 글씨 크기도 웬만한 어린아이보다 커졌다.

그림 4-22 보스턴 사람들이 자랑스럽게 여기는 보스턴 출신 미국 위인들. 좌측 상단은 사무엘 아담스. 보스턴의 유명한 맥주가 그의 이름을 땄다. 우측 상단은 존 핸콕. 독립 선언문의 그의 사인은 너무나 유명하다. 그의 이름은 이제 보험 상품과 투자 상품이 되어 보스턴에는 존 핸콕 타워가 세워졌고, 시카고의 유명한 존 핸콕 타워도 있다. 중앙 하단은 폴 리비어. 은세공가였던 그가 종탑에서 영국 함대가 쳐들어오는 것을 발견하고서 말 한 필을 몰고 렉싱턴까지 갔다.

그림 4-23 파커 하우스의 창문 디테일. 파커 하우스는 보스턴의 유명한 스테이크 하우스로 보스턴의 정치가와 권위자들이 교류한 장소로도 유명하다. 19세기 에머슨, 소로와 같은 대문호들의 식사 모임 장소였고, 존 F. 케네디가 재키에게 청혼한 장소로 유명하다.

간판과 건물 사이를 따라 꼬장꼬장 끼어 있는 때와 죽 처진 전기줄이 우리가 과연 세계적으로 아름답기로 소문난 한글을 사용하는 사람들인가 의심스럽다.

그림 4-23을 보면서 이런 생각이 들었다. 철을 어떻게 저렇게 얇게 뽑았을까? 클로버 잎을 어떻게 저렇게 용접한 티가 안 나게 만들었을까? 돌판의 결을 뽑아내기 위해 건축가는 채석장에 몇 번이나 갔을까? 백열등에 의해 밝혀질 은은한 밤거리의 모습은 어떨까?

아름다운 돌판 결에 자그만하게 금색으로 상호를 써서 간판을 만든 주인은, 분명히 작은 것 속에서 호기심을 발동시키는 인간의 심리를 잘 아는 사람일 것이다. 그 뜻을 받든 디자이너는 조용함 속에 재료들이 각자 역할을 하도록 했다. 빛을 발하는 간판과 비슷한 양의 전기를 사용하지만, 이 집은 호객행위를 하지 않고, 철과 돌의 아름다움을 드러낸다. 공예미의 완성을 글자가 하는 셈이다.

우리 선조들의 현판도 이와 같았다. 지붕 포작과 서까래 사이에 격조 있는 서예로 공예미를 완성했다. 재료는 장인의 손을 거쳐 자기가 지닌 재질감의 가능성을 연다. 거장의 손을 거친 경우에는 이미 목기가 아닌 악기의 경지에 도달한다. 현판의 글씨를 읽는 와중에 다듬어진 나무 소리가 들린다.

환각과 환청이 오고가는 와중에 환심을 산다. 경지에 오른 호객행위는 따라서 예술행위이고, 그것은 경지에 오른 간판행위가 공예행위인 것과 같다. 구석구석에 정성을 다해 만든 간판들은 도시의 얼굴을 만든다. 정성을 다하라는 훈고는 말로 되는 것이 아니다. 청개구리 심보를 타고난 아이들에게 최고의 교육 방식은 어른의 말이 아니라 환경으로 말해주는 것이다.

대다수 우리의 간판은 발광發光하는 발광發狂 수준이다. 그나마 밤에는 눈을 게슴츠레하게 뜨고 쳐다보며, '디지털 시대니까 스크린처럼 빛을 발해야지' 하고 되뇌면 그나마 좀 괜찮다. 아침에는 '내 집만 보소' 하고 외치는 듯한 아우성이 꼴사납다. 우리 거리를 지배하는 간판, 이제는 공예품으로 여겨야 하지 않을까? 사람이 했다고는 믿어지지 않는 과거 신라의 금관이나 고려의 상감을 만들어낸 손놀림을 조금이라도 간판에 보여주자.

보스턴 최초의 마천루
— 윈트롭 빌딩

도시는 건축물에 의해 채워진다. 건축은 돌의 마찰 속에서 빚어지고 다듬어진다. 그 과정 속에서 바쁘게 움직이는 사람들의 손과 그것을 지워나간 흔적의 궤적을 담는다.

사람의 몸에 비유하자면 눈에 해당하는 창은 방안 사람을 바깥으로 연결하는 매개체이고, 반대로 바깥사람들에게는 건축의 눈, 더 나아가 도시의 눈을 부여한다. 건축가들 중에는 쌍꺼풀이 진한 눈을 좋아하는 이가 있는가 하면, 화장 없는 밋밋한 눈을 좋아하는 이도 있다. 때로는 건축가 개인의 의지보다 트렌드나 유행과 같이 사회의 요구에 따라 집단적으로 특정 성향을 좋아하는 때도 있다.

세련된 주황색 창틀을 만든 이 건축가를 상상해 본다. (그림 4-24) 먼저 바탕을 보자. 그는 벽면의 돌과 돌 사이의 줄눈조차 지웠다. 그는 바탕에 어떠한 티도 나오지 않기를 바란다. 거울 앞에서 정성스럽게 흰 분을 바르며 기초화장을 하는 여인 같다. 창 주변부에 띠를 준다. 살짝 접고 돌린다. 버선코 같은 몰딩이 눈썹 끝이 치솟은 모습과 닮았다. 푹 파인 눈과 같이 그의 푸른빛의 창틀은 안쪽에 자리매김을 한다. 그는 자신의 창에 건물의 수직적 위치에 따라 질서를

그림 4-24 보스턴 최초의 마천루라 할 수 있는 윈트롭 빌딩.

부여한다. 땅에 가까운 부분, 몸통 부분, 하늘 부분. 땅에 가까울수록 사람의 손길을 의식했는지 장식이 더 많다. 수평적인 위치에 따라서도 장식의 경중을 나눴다.

재료 속에서 건축가의 흥이 느껴진다. 그는 조심스레 돌을 골랐을 것이고, 석공과의 숱한 대화를 통해 가능한 장식의 범위를 얘기했을 것이다. 철을 다루는 사람을 만나고, 유리를 다루는 사람을 만나고, 글자를 금색으로 할까 흰색으로 할까 고민했을 것이다. 왜 파스텔 톤의 주황색과 옅은 초록 바탕과 흰색의 글씨를 선택했는지는 아무도 모른다.

뒤로 보이는 흰색 건물의 건축가는 앞의 테라코타나 벽돌과는 달리 화강석과 라임스톤에 천착해 있다. 그는 얇게 층과 층이 연결된 긴 창을 고수한다. 그의 창문 디자인에서 사용자의 일사량의 정도와 조망의 폭은 더 이상 관심사가 아니다. 그는 오로지 건물이 거대한 비석 덩어리처럼 보이기를 희망한다. 최소한의 간섭이 벽면에 이뤄지길 소망한다.

'테라코타의 눈'(1894년)과 '화강석의 눈'(1930년)은 약 35년간의 시간차를 가지고 있다. 건축가의 선호도와 시대의 선호도가 시간의 차를 기록하고 있다. 테라코타의 눈을 디자인한 클래런스 블랙얼Clarence Blackall은 일리노이 대학을 졸업하고 파리 보자르에서 공부했는데, 그의 건축은 시카고파 형식과 보자르 양식이 절묘하게 접합되어 있다. 윈트롭 빌딩이라 불리는 이 건축은 보스턴 최초의 철골 고층 건물이었다.

화강석의 눈을 디자인한 랠프 애덤스 크램Ralph Adams Cram은 젊어서는 회의론자였지만, 로마로 떠난 후 열렬한 가톨릭 신자가 되었다. 그의 건축은 로마의 기념비성이 그의 신앙관과 어우러져 만든 아르데코 스타일이다. 크램이 건축계에 남긴 눈빛은 신앙적이다.

건축가의 세계관은 그의 향로를 결정한다. 재료의 선정을 구속하고, 창의 형태를 구속하고, 망치와 정의 궤적을 구속한다. 건축가에게 창은 그가 세상을 바라보는 눈이며 동시에 세상이 그를 바라보는 눈이 된다.

한 곳만을 뚫어지게 쳐다보자. 그리고 직시와 앙시가 낳은 관점을 끌어안자. 오직 그러할 때만이 세상을 향해 관점을 다시 밀어낼 수 있다. 건축의 장인성과 디테일의 불꽃은 한곳 바라보기가 낳은 선택에 의해 활활 타오르게 될 것이다.

백 베이
: 보스턴 최고의 주택가

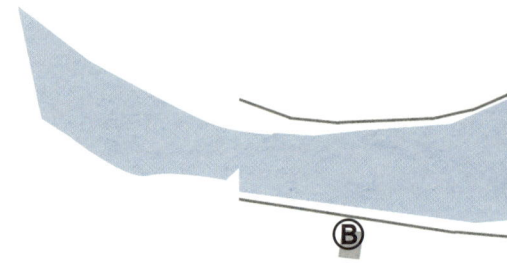

Ⓐ 에스플러네이드 녹지공원 Esplanade
Ⓑ 보스턴 대학 법대 Boston University, School of Law
Ⓒ 뉴베리 스트리트 Newbury Street
Ⓓ 보일스턴 스트리트 Boylston Street
Ⓔ 버클리 음대 Berklee College of Music
Ⓕ 코플리 광장 Copley Square
Ⓖ 보스턴 공공 도서관 Boston Library
Ⓗ 존 핸콕 타워 John Hancock Tower
Ⓘ 프루덴셜 타워 Prudential Tower
Ⓙ 트리니티 교회 Trinity Church
Ⓚ 올드 사우스 교회 Old South Church
Ⓛ 페어몬트 코플리 플라자 호텔 Fairmont Plaza Hotel
Ⓜ 애플 스토어 Apple Store
Ⓝ 크리스천 사이언스 센터 Christian Science Center
Ⓞ 메리 베이커 에디 도서관 Mary Baker Eddy Library
Ⓟ 보스턴 백 베이 역 Boston Back Bey Station

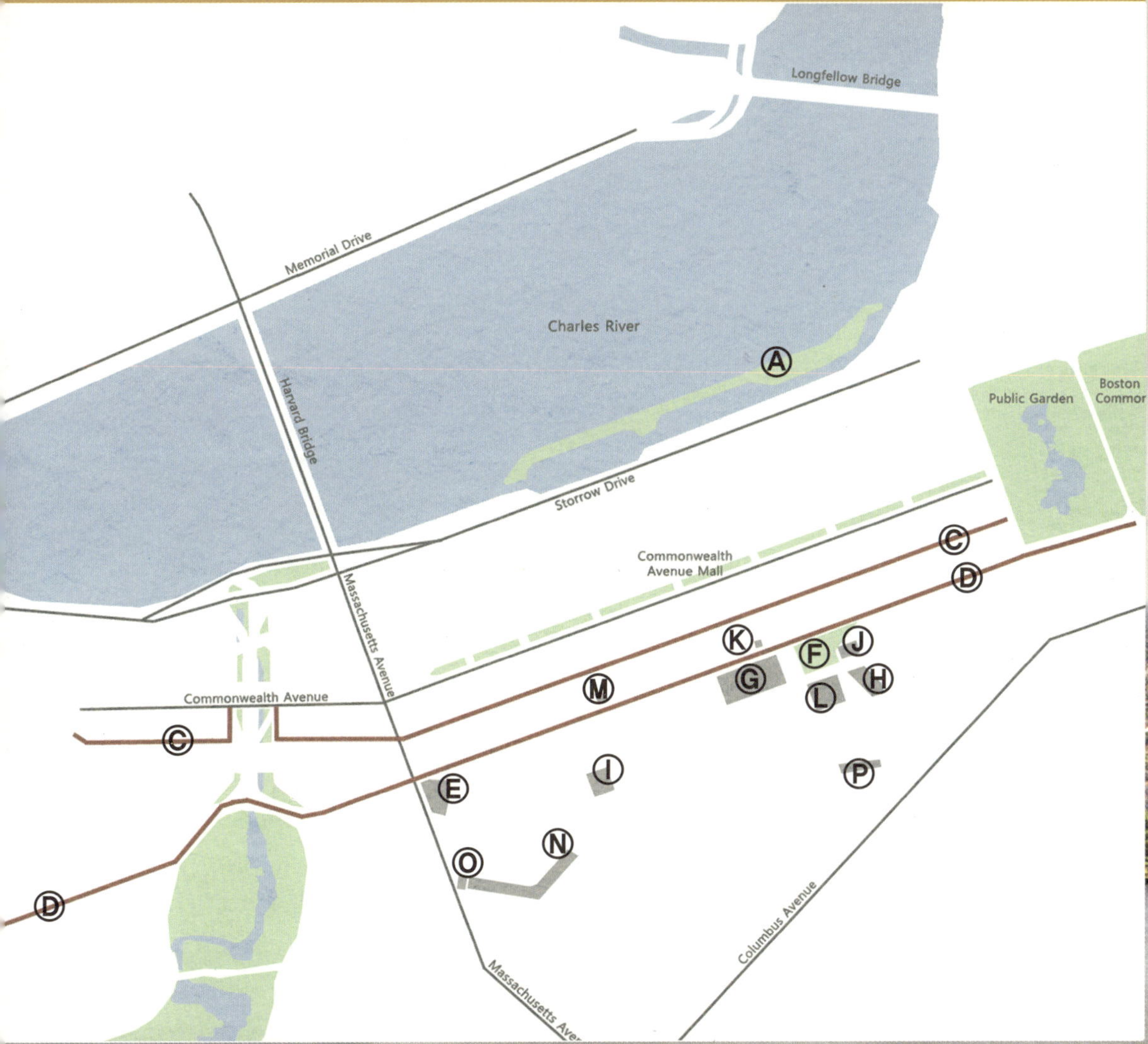
Longfellow Bridge
Memorial Drive
Charles River
Harvard Bridge
Ⓐ
Public Garden
Boston Commor
Storrow Drive
Commonwealth Avenue Mall
Ⓒ
Ⓓ
Ⓚ
Ⓕ
Ⓙ
Ⓖ
Ⓗ
Ⓛ
Ⓜ
Massachusetts Avenue
Commonwealth Avenue
Ⓒ
Ⓘ
Ⓟ
Ⓔ
Ⓝ
Ⓞ
Ⓓ
Columbus Avenue
Massachusetts Ave

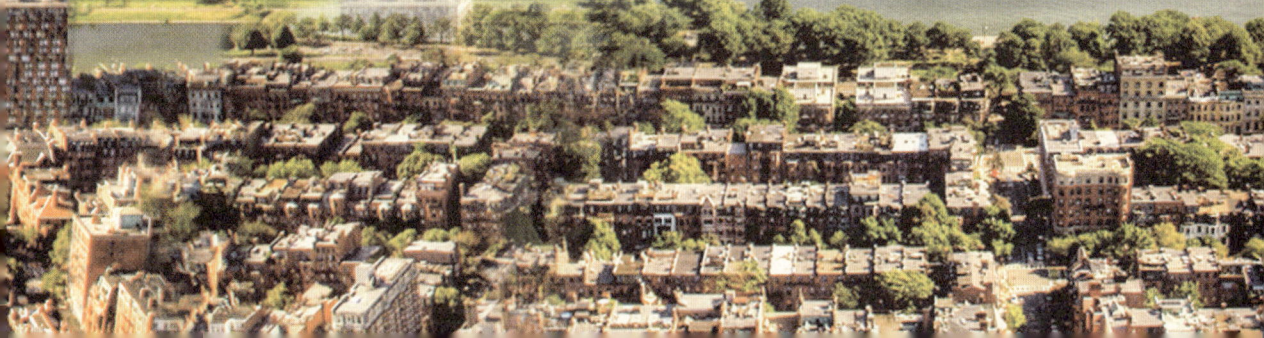

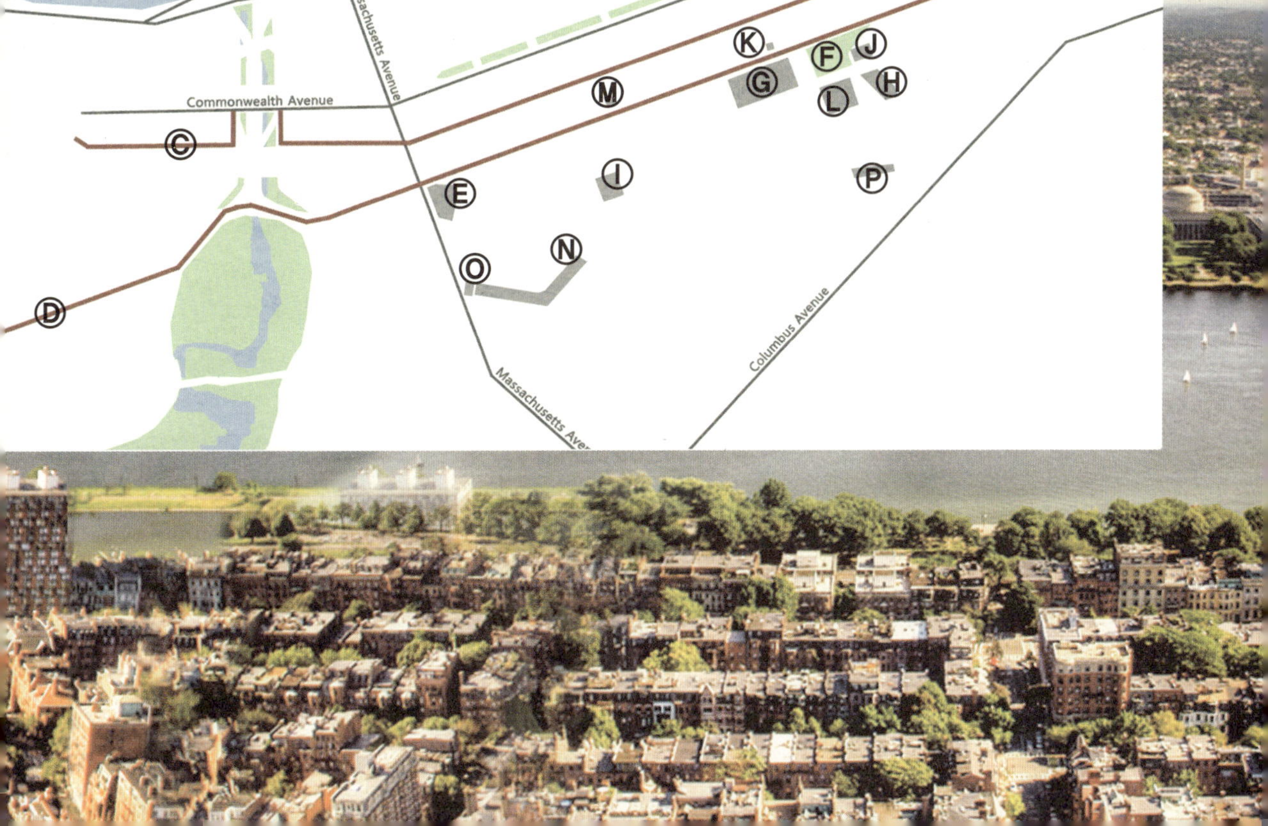

그림 5-1 보스턴 상공에서 찰스 강을 바라본 사진. 강의 남쪽(사진에서 아래쪽)이 백 베이 지역이고 강 북측에 MIT 캠퍼스가 있다. 보스턴의 여름은 신록으로 우거지고 찰스 강에는 요트가 떠다닌다. 백 베이는 19세기 말 벽돌과 브라운스톤으로 지어진 주택가다.

보스턴의 중심, 찰스 강

그림 5-1을 보면 찰스 강은 보스턴과 캠브리지를 나누는 경계다. 사진에서 강을 중심으로 위쪽이 캠브리지, 아래쪽이 보스턴이다. 강 위쪽에 MIT 교정이 보이고, 아래 보스턴 쪽이 백 베이Back-Bay라 불리는 지역이다. 동쪽이 강 하류로 대서양과 만나고, 서쪽이 강 상류로 강폭이 좁아지고 물의 흐름도 굽이친다. 찰스 강 상류로 올라가면, 캠브리지 쪽으로 하버드 대학 교정이 있고, 보스턴 쪽으로 보스턴 대학이 있다. 하버드 대학과 MIT가 있는 곳은 정확히 말하면, 행정구역상 보스턴이 아니라 캠브리지다. 다만, 캠브리지가 광역 보스턴Greater Boston Area 내에 속해 있으므로 보통 사람들은 이 대학들을 보스턴에 있다고 말한다.

보스턴에 처음 왔을 때, 강변도로를 달리는 차 안에서 찰스 강을 보고 매우 놀랐다. 눈높이와 수면 높이 차이가 거의 나지 않아 보였기 때문이다. 잔잔히 물결치는 바람을 맞으며 강 위를 떠다니는 배들과 산보와 조깅을 하고 있는 사람들을 보며, 이 강이 시민들에게 사랑받고 있는 휴식처라는 사실을 알 수 있었다. 찰스 강 북쪽을 따라 MIT 본관을 설계한 20세기 초 건축가 윌리엄 보즈워스William Wells Bosworth의 녹지공원이 보이고, 남쪽을 따라 19세기 미국 최고의 조경가 프레더릭 옴스테드Frederick Law Olmsted의 에스플러네이드Esplanade 녹지공원이 있다.

보스턴에 사는 동안, 해가 갈수록 찰스 강이 더 좋아졌다. 찰스 강의 매력은 손에 잡힐 것 같은 적당한 규모에 있다. 강폭이 너무 넓지도 않고 좁지도 않다. 강가에는 검은 돌이 있고, 바닥이 보이는 맑은 물과 잔잔히 부는 바람이 변화하는 계절에 따라 사람들을 강가로 부른다. 찰스 강은 해가 질 무렵에는 루비 빛깔로 변하기도 하고, 비오는 날에는 검게 빛난다. 찰스 강은 보스턴의 중심으로, 여름에는 강변 음악회가 열리고, 하버드대 인근 강가는 가족을 위한 놀이공원이 되기도 한다. 매년 7월 4일 저녁에는 많은 시민들이 쏟아져 나와 양쪽 강변을 차지하고 불꽃놀이에 젖기도 한다.

직장이 하버드 대학 근처에 있던 나는 퇴근 후 찰스 강변을 따라 집까지 조깅을 했다. 8킬로미터 정도 되는 거리를 뛰기도 하고 걷기도 했다. 시작점인 강 상류는 좁고, 종결점인 하류는 넓다. 영화《러브스토리》에 나오는 아기자기한 다리를 시작으로 중간 지점인 보스턴 대학 법대에서부터 강변도로와는 완전히 격리된 녹지로 들어간다. 진흙과 잔디가 가득한 바닥을 뛰면, 마치 발마사지를 받는 것 같은 착각에 빠진다. 한차례 땀이 쏟아지고 나면 눈은 어느 때보다 맑아지고, 그제야 모든 사물이 초점을 찾기 시작한다.

찰스 강 수면은 날씨에 민감하게 반응한다. 찰스 강 본래 색은 짙고 수면은 대체로 고요하다. 깊이를 알 수 없는 깊은 색이 강변을 따라 쏟아지는 모든 색을 머금은 채 그날 직장에서 쌓인 여러 상념까지 삼켜버린다. 물 속 깊은 곳에서 우러나오는 찰스 강의 색은 보는 사람을 빨아 당기는 빛깔이다. 그것은 물

그림 5-2 보스턴 대학 법대 앞 찰스 강변에서 바라보는 석양. 사진에 보이는 다리는 MIT 앞에 있는 하버드 다리이다. 애초에 MIT 다리라는 이름을 시정부가 제안했는데, MIT측은 구조미가 결여되었다며 그 이름을 거부했다고 한다. 법대 앞에서 찰스 강 하류까지의 조깅 코스는 내가 가장 즐기던 곳이다. 찰스 강변을 통해 나는 가장 위대한 건축은 자연이라는 사실을 깨닫게 되었다.

그림 5-3 뉴베리 스트리트의 일부분. 사진 오른쪽으로 뉴베리 스트리트의 시작점인 보스턴 퍼블릭 가든이 있고, 사진 왼쪽으로 뉴베리 스트리트의 끝인 매사추세츠 애비뉴가 있다.

이라는 생명체가 영혼 깊숙한 곳에서 내보내는 시원적이고 소성塑性적인 색깔로서, 그 속성은 끌어당김과 감싸안음에 있다. 찰스 강은 보스턴을 더욱 보스턴답게 한다.

또 보스턴에 대해 반드시 언급해야 하는 점은 건물과 녹지의 비율이다. 도시계획에서 도시가 얼마만큼의 휴식처와 녹지를 시민에게 부여할 수 있는가는 역사적으로 반복되는 화두였다. 희랍시대까지 거슬러 올라가 도시의 이상적인 녹지 밀도를 언급하는 사람도 있었다. 많은 도시 전문가들이 보스턴은 이상적인 녹지비율을 갖고 있다고 한다. 그 중심에는 에메랄드 네클레스라 불리는 녹지띠가 있다(그림 1-3 참고). 이 녹지는 보스턴 중심에서 시작해서 광역 보스턴까지 휘감기며 하나의 고리를 형성한다. 녹지는 도시에서 보석과 같은 역할을 하고, 중요한 지점에 악센트를 주며 계절과 시간의 변화에 따라 다른 빛깔을 낸다. 사실 사람과 마찬가지로 도시도 녹색을 먹고 산다.

걷고, 쇼핑하고 싶은 거리, 뉴베리

보스턴의 뉴베리 스트리트Newbury Street는 백베이 지역 중심부다. 대부분의 건물이 벽돌로 지어진 점이 서울 대학로와 비슷하고, 거리의 활력 면에서는 강남역 부근 거리를 닮았다. 뉴베리의 성공 요인은 보스턴 대학과 버클리 음대, 노스이스턴 대학과 MIT를 비롯한 대학과 지리적으로 가까워 젊은이들이 많이 찾는 데 있다. 또한 이곳은 화이트칼라들이 많이 모여 있는 서비스 산업 지역이고, 호텔과 쇼핑센터가 있는 상업 지역이기도 하다.

길목이 좋아야 장사가 잘 된다는 말은 동서고금을 막론한 격언이다. 하지만 건

그림 5-4 한겨울에도 선큰가든(지하나 지하로 통하는 공간에 꾸민 정원)의 뉴베리 카페들은 북적인다.

축가인 나에게 건축을 통한 좋은 길목 만들기는 입지보다 더 중요한 문제다. 좋은 길은 절대 하루아침에 만들어지지 않기 때문이다.

일단 좋은 길은 사람들이 쉽게 걸어 다닐 수 있도록 인도가 넓어야 한다. 또한 인도 벽면을 구성하는 건축물이 개성있고, 감각적이고, 작고, 서정적이어야 한다. 천편일률적으로 똑같은 밋밋한 얼굴을 가진 건물이 이어지지 않고, 건축물 벽면은 디테일이 살아 있어야 한다. 크기도 대형 쇼핑몰같이 거대해서는 곤란하며 적당한 사이즈여야 한다.

뉴베리 스트리트는 인도 폭이 7.6미터로 넓은데, 넉넉한 인도를 사용하는 방식도 다양하다. 작은 초목을 많이 심은 가게도 있고, 파라솔이 있는 테이블을 가게 앞에 두어 노상 레스토랑을 운영하거나, 새로 들어온 그림을 전시해 놓았다. 밖에 내다 놓은 물건들은 제각각 다르지만, 문화 컨텐츠라는 점에서는 모두 같다.

인도가 넓어지면 사람들의 걸음 속도는 자연히 느려진다. 거리가 그저 빠르게 이동하는 수단이 아니라, 즐기고 쉬어가는 대상이 된다. 계절 따라 변하는 나무, 빵굽는 냄새, 멋진 그림들이 걸음 속도를 더 늦춘다. 이렇게 사람들은 거리에 푹 빠진다.

뉴베리의 건물 대부분은 지하층을 지상으로 반쯤 노출시켰다. 이 때문에

1층과 지하를 연결하는 외부계단이 하나의 조형물로 자리매김하게 됐다. 보통 건축가들은 거리와 건물의 경계를 넉넉하게 하고 싶어 한다. 뉴베리의 옥외계단들은 그 역할을 충실히 해낸다. 뉴베리에서 서로 다른 옥외계단을 보는 것은 큰 즐거움이다. 특별한 계단은 반드시 특별한 가게로 사람을 모은다.

어떤 계단은 반층 올라가면 지방의 풍경을 화폭에 담은 그림으로 가득 찬 갤러리가 있고, 반층 내려가면 은은한 커피향이 퍼지는 카페가 나온다. 반 육각형 모양 퇴창bay-window의 큼직한 창문들도 뉴베리를 쇼핑거리로 만드는 데 한몫한다.

뉴베리 스트리트는 도심에서는 넓었다가 주변부로 갈수록 좁아진다. 넓은 곳에는 명품가게가 있고 좁은 곳에는 멋쟁이 젊은이들을 위한 개성있는 가게들이 많다. 거리가 좁아질수록 긴장감으로 활력이 넘친다. 거리 너비의 변화와 상품의 변화 또한 이 거리를 지루하지 않게 만든다.

뉴베리가 단지 쇼핑의 천국이라면 지금의 명성을 얻지 못했을 것이다. 뉴베리에 가면, 좋은 그림을 그리고 싶고, 좋은 시를 쓰고 싶고, 좋은 노래를 부르고 싶다. 좋은 길은 사람들을 예술가로 만든다. 창조적인 도시를 만들고 싶다

그림 5-5 뉴베리 스트리트의 전경. 양쪽의 인도 폭을 합치면 도로보다 넓다.

면, 뉴베리의 지혜에 주목하자. 19세기 뉴베리가 영국과 프랑스의 지혜를 배워 온 것처럼.

뉴베리 232번지
문을 바라보며

*벽과 문, 등_{전등}은 개체적 속성이 강한 독립적인 사물이다. 하지만 이들이 포개어지면 완전히 새로운 유형의 예술이 태어난다. 그림 5-6을 주의깊게 보자. 먼저 문과 등을 살펴보자. 그리스 신전 건축에서 약방의 감초라고 할 수 있는 페디먼트_{Pediment, 문 번호 232 위에 있는 삼각형 장식 부분}는 자신의 삼각형 모양을 변형해 전등에게 자리를 내어 주었다. 벽과 문을 생각하면 또 다른 포개짐이 연상된다. 돌과 나무가 서로의 결을 뽐내며 만난다. 벽돌 벽 모서리를 돌로 매끄럽게 돌려 문설주를 완성하고, 상인방_{창문 위 또는 벽의 위쪽 사이에 가로지르는 인방. 창이나 문틀 윗부분 벽의 하중을 받쳐 준다}의 두께를 과장하여 지지하는 자의 연약함을 극대화한다.

건축가는 돌과 만나는 문 주위를 유리로 돌린다. 문과 문이 쓴 왕관을 유리가 밀어내는 듯한 착각에 빠진다. 멀리서 봤을 때 벽과 문 사이에 아무것도 없는 것 같다. 문틀을 돌벽 안쪽 깊이 숨긴 건축가는 분명 그 효과를 알고 있었다. 나무로 된 문틀을 돌 개구부_{채광, 환기, 통풍, 출입을 위하여 벽을 치지 않은 창이나 문을 통틀어 이르는 말} 뒤에 숨겨서, 건축가는 돌이 유리를 붙잡고 있는 것처럼 보이길 원했다. 돌이 틀도 없이 유리를 붙잡는 것은 결코 쉬운 일이 아니다. 대개의 경우 철틀이 돌과 유리를 연결한다.

또한 건축가는 유리가 나무문을 붙잡고 있는 것처럼 보이길 원했다. 돌에서

그림 5-6 뉴베리 스트리트 232번지 현관문.

나무로 넘어가야 하고 나무에서 유리로 넘어가야 논리적인 짜임새다. 여기서는 불쑥 유리를 나무보다 먼저 둔다. 상식을 배반하는 배열 속에서 쾌감이 일어난다. 어긋난 배열로 만나지 말아야 할 것이 만나고 있다. 돌과 유리가 나무나 철 같은 매개 없이 만나기는 어렵다. 강력한 접착제로 붙이거나, 실리콘 같은 고무를 돌 사이에 넣고, 이를 붙잡이로 사용해야 유리를 붙일 수 있다. 건축가는 나무틀을 돌 벽 뒤로 숨김으로써 같은 효과를 얻었다. 창조적인 디테일이다.

건축의 참맛과 깊이는 디테일 속에 있다. 디테일은 상식을 뒤엎기 위한 집요함 속에서 꽃핀다. 그 과정은 치열하지만 결과는 아름답다. 도시는 투쟁 속에 얻어진, 그러나 그 결과는 목련과 같이 아련한 디테일로 수놓아야 한다.

지금 우리나라는 디테일 부재의 시대다. 대다수의 건물이 기성의 디테일을 그저 따른다. 재료를 알지 못하니 규범을 알 리 없고, 규범을 모르니 상식의 배반이 있을 수 없다. 생각 없이 디테일을 만든다. 건축가들 사이에서는 이를 '떡칠한다' 라고 부른다. 재료도 모르고 디테일도 모르는 사회가 콘크리트 면에 화장발로 페인트만 칠한다는 뜻이다. 토목 조형물은 건축보다 정도가 더 심하다. 디자인을 하는 건축가, 시공을 하는 시공시술자, 그것을 소유하는 자와 사용하는 자, 모두의 각성이 필요하다.

백 베이 문화의 중심지
코플리 광장

*보스턴의 코플리 광장Copley Square에서 찍은 이 사진(그림 5-7)의 왼쪽으로 살짝 보이는 모서리가 바로 보스턴 공공 도서관이다. 19세기 대표적인 은행이 제이피 모건J.P. Morgan이었다면, 미국 건축의 르네상스

그림 5-7 코플리 광장.

(1876~1917년)를 선도한 대표적 건축회사는 '맥킴, 미드 앤드 화이트 건축사사무소McKim, Mead& White'였다. 이들의 역작인 보스턴 공공 도서관은 아직도 당대의 기품을 뽐내며 그 자태를 자랑하고 있다.

미국 역사에서 도금시대Gilded Age는 1865년부터 1901년 사이로, 미국 주요 도시에서 엄청난 부의 축적이 이루어진 시기이자 세계 각국에서 몰려드는 이민자들의 행렬로 북새통을 이루던 시기였다. 1876년 벨이 전화를 발명했고, 1879년에는 에디슨이 전기를 발명했다. 이런 뛰어난 발명가와 함께 사업가들이 만든 자본주의 파생상품들이 쏟아져 나왔다. 록펠러에 의해 석유사업이, 카네기에 의해 철강사업이, 모건의 은행상품이 번창했고 또한 밴더빌트에 의해 철도가 깔렸던 시기였다.

그림 5–8 왼쪽 상단 사진은 20세기 초 코플리 광장 모습. 오른쪽 상단은 1957년도의 코플리 광장 모습이며 아래 사진은 최근 모습이다. 오른쪽 상단 사진에서 붉은 색으로 표시된 곳은 트리니티 교회이고, 푸른 색으로 표시된 곳이 보스턴 공공 도서관이다. 아래 사진을 보면, 트리니티 교회 옆에 있는 고층 건물이 존 핸콕 타워이고, 그 옆에 있는 누운 E자형 고전 건물이 페어몬트 코플리 플라자 호텔이다. 길 건너로 'ㅁ' 자형으로 안에 뜰이 있는 건물이 보스턴 공공 도서관 구관(찰스 맥킴 건축)이고, 그 옆으로 증축된 건물이 신관(필립 존슨 건축)이다. 구관 길 건너편 아래로 보이는 건물이 올드 사우스 교회다.

동시에 빈부 격차, 인권 문제, 이민 문제 등 사회문제가 넘쳤지만, 건축적으로는 행복한 시대였다. 부를 쌓은 사업가들은 든든한 건축 후원자가 되어 사회에 부를 환원하기 시작했다. 이때 지어진 대다수의 도서관, 박물관, 철도 등은 수많은 기부금으로 완성되었다. 뉴욕과 시카고는 이때 일어섰다. 당시 지어진 건축물들은 여전히 도시의 상징물이다.

19세기 말 보스턴은 뉴욕, 시카고와 함께 산업혁명의 영향으로 매우 붐볐고, 수많은 집이 지어졌다. 코플리 광장을 두고 길 건너편에 있는 건축물들은 이 시대의 기록체들이다. 이 집들은 시간이 지날수록 사람들의 사랑을 받았고, 지금은 보존 가치를 인정받았다. 이처럼 건축은 시간을 두고 정성스럽게 지어야 하고, 각각의 시대는 그 시대가 지을 수 있는 최고의 건축을 만들어야 한다. 이런 노력 덕분에 보스턴은 세계적으로 문화 경쟁력이 있는 도시로 성장할 수 있었다.

그림 5-9 위 사진은 보스턴 MFA, 아래 사진은 하버드 의과대학.

코플리 광장은 보스턴 출신의 화가 존 싱글턴 코플리John Singleton Copley의 이름을 땄다. (그림 5-8) 사진에서 보는 것 같이 코플리 광장은 여러 차례 변해 왔다. 백 베이가 들어서기 전, 20세기 초 코플리 광장은 황량한 곳이었다. 1957년 당시 코플리 광장은 도로가 대각선으로 관통하고 있어 진정한 의미의 광장은 아니었다. 현재와 같이 시민들이 휴식을 즐기고 여행객들의 발걸음이 끊이지 않는 코플리 광장의 모습은 수많은 변천이 반영된 결과물이다.

코플리 광장에 있는 건축물들은 올드 사우스 교회(1874년), 트리니티 교회(1877년), 보스턴 공공 도서관(1895년), 페어몬트 코플리 플라자 호텔(1912년), 존 핸콕 타워(1975년) 순서로 완성됐다. 즉 코플리 광장은 시간을 두고 미국 건축계의 위대한 작품들로 평가받고 있는 주옥같은 건물들이 차례로 들어서면서 완성되었다.

보스턴 공공 도서관은 20세기 초 고딕 양식이 유행하던 당시에 고전 양식보자르 양식으로 전환하는 기폭제 역할을 했다. 미국 전체를 놓고 보면, 1893년 시카고에서 세계 컬럼비안 박람회 개막과 함께 보스턴 공공 도서관 개관은 고전 양식 유행의 첫 팡파르였다. 고전 양식 부흥 시기는 외장재로 백색 대리석을 많이 썼던 탓에 '백색 도시' 운동이라 불렀고, 보스턴에 국한해서는 '보스턴-1915 운동'이라 불렀다. 1907년 쉐플리 불핀치Shepley Bulfinch에 의해 하버드 의과대학이 세워졌고, 1909년 기 로웰Guy Lowell에 의해 보스턴 미술관MFA, Museum of Fine Arts이 건설되었고, 1916년 윌리엄 보즈워스에 의해 MIT 캠퍼스가 들어섰다. (그림 5-8)

보자르식 건축으로 지어진 보스턴 공공 도서관, 하버드 의대, 보스턴 미술관, MIT 본부는 각각의 자리에서 주변에 활력을 불어 넣는다. 또 이들 건물의 소유주인 기관-건축주들은 증축과 개축을 거듭해서 과거와 현재를 연결하고, 미래의 비전을 제시했다. 기관-건축주들은 당대 최고 건축가들을 초빙하여 기관의 브랜드를 높이기 위해 적극적으로 건축물을 사용해 왔다. MFA는 I.M. 페이Ieoh Ming Pei와 노먼 포스터Norman Foster를 통해 1981년, 2010년 개축 및 증축을 했다. 두 사람은 모두 프리츠커 건축상을 수상한 뛰어난 건축가이다. MFA에는 I.M. 페이의 서쪽 동과 노먼 포스터의 동쪽 동 중심에 아트리움 공간이 있다. 이곳에서 기존 건물이 수용하지 못한 현대 예술품을 전시하고 있다.

1972년에 보스턴 공공 도서관을 증축한 필립 존슨은 미국 건축계의 대부다. 그의 아버지는 유산으로 딸에게는 현금을, 아들 필립 존슨에게는 주식을 남겼다. 필립 존슨이 재벌의 반열에 오르고 뉴욕 건축계의 대부 자리에 오를 수 있었던 이유는 그의 아버지가 물려준 주식이 상속 당시에는 무명의 벤처회사였

그림 5-10 필립 존슨이 설계한 보스턴 공공 도서관의 증축동 모습. 작은 사진은 내부 로비다.

그림 5-11 도서관 안마당.

던 IBM이었기 때문이다. 1980년대 IBM 주식은 천정부지로 올랐고 그는 엄청난 부자가 되었다. 또한 그의 재기 발랄한 태도와 언변은 뉴욕 사교계를 휘젓는 데 부족함이 없었다. 미국 건축계의 차세대 스타들은 그를 거쳐 태어났다. 보스턴 공공 도서관 증축동과 그의 집 글래스 하우스는 내가 가장 좋아하는 그의 작품이다.

필립 존슨은 찰스 맥킴의 구 도서관을 존중했다. 평면 구성은 9개의 사각형이 행렬로 되어 있고, 가운데 사각형은 천창이 있는 아트리움을 구성한다. 아트리움을 중심으로 나머지 8개의 사각형 열람실로 뻗어 나가는 구조이다. 고전의 대칭성과 중심성이 우람한 아치를 모티브로 현대 건축으로 세워졌다.

현대 도시는 새로운 지식 체계에 의해, 일급 디자인 재능에 의해, 끊임없이 자신의 얼굴을 바꾸어 나가야 한다. 지식 정보의 아이콘 역할을 하고 있는 공공 도서관, 예술의 창조력을 끊임없이 사회에 보급하는 미술관, 인체의 신비에 도전하고 도시의 새로운 경제력을 창출하려는 하버드 의과대학, 그리고 새로운 기술로 IT와 BT로 도시의 리서치 그라운드를 넓혀주는 MIT. 이들은 모두 보스턴을 견인하는 지식생산소이며, 동시에 이 시대 도시 건축이 새 지평을 열 수 있게 하는 21세기형 건축 패트론들이다.

보스턴 공공 도서관

보스턴에는 옛 것으로 초대하는 장소가 비교적 많다. 그 중에서 보스턴 공공 도서관, 하버드 대학 포그 미술관 Fogg Museum, 가드너 미술관 Gardener Museum 은 내가 꼽는 최고의 건축물이자 장소이다.

아빠가 된 지 3년이 되던 해인 2007년, 나는 딸과 함께 보스턴의 여러 명소를 찾아 다녔다. 딸아이가 아주 어려서 그때 본 것 전부를 기억하지는 못 하겠지만, 잠재의식 속에 본 것들이 심어지길 바랬다. 건축가인 나는 여행을 통해 체험한 건축물이, 사람 속으로 들어가 그 사람의 내면을 바꿀 수 있는 힘이 있다고 믿는 사람이다. 나는 딸아이가 어른이 되었을 때, 무의식의 세계에서 자신이 어릴 적 본 것들을 끄집어 내어 풍성한 예술적 재능을 발휘하길 바랬다.

숲과 강가, 대학가와 쇼핑가, 미술관과 도서관을 데리고 다니던 나는 어느 날 비를 피해 딸과 같이 보스턴 공공 도서관에 들어갔다. 순간, 도심의 시끌벅적함에서 단절됐다. 마치 21세기에서 19세기로 시간 이동을 하는 문을 열고 들어온 것 같은 착각에 빠졌다. 아치와 모자이크로 된 벽면과 오래된 서가에서 나오는 책 냄새가 시간을 착각하게 했다.

열람실에는 만개한 꽃문양으로 천장이 수놓아져 있었고, 오래된 원목 테이블 위로 금색 활 모양 램프들이 있었다. 초록 빛 램프 덮개도 인상적이었다. 조용히 책장 넘기는 소리와 소곤소곤 방향을 알려주는 도서관 직원의 엄숙함이 어린 내 딸조차 조용하게 했다. 우리는 고전주의 양식의 방과 복도를 지나 도서관 중앙 마당으로 나왔다. 르네상스 양식을 닮은 마당은 19세기의 도도함을 그대로 간직하고 있었다. 아치로 연속된 복도와 그 중앙 분수는 여름 빗줄기의 습한 공기와 묘한 대조를 이뤘다.

찰스 맥킴의 건축은 르네상스의 비례미와 조화미로 마당을 감싸 안았다. 과도한 장식보다 절제를 중시했던 맥킴은 19세기 뉴욕을 중심으로 미국 각지에 주옥같은 건축물을 남겼다. 19세기 중반부터 부를 축적한 신흥 부호세력과 새로운 연방정부를 위해, 맥킴의 건축은 미국의 도시 건축 정체성을 규율있게 정립해 갔다.

시민사회가 열리자 과거에는 왕의 소유였던 일급 건축가들을 시민들도 소

그림 5-12 내부 열람실.

그림 5-13 보스턴 공공 도서관 입구. 과거 왕족에게만 가능했던 화려한 내부 장식이 시민들에게도 가능해졌다.

유할 수 있었다. 권력은 시민에게 넘어갔고, 이에 따라 과거에는 궁전을 만들었을 건축가들이, 시민을 위한 도서관을 설계하기 시작했다. 미국은 민주주의와 자본주의 확산을 위해 진취적으로 시민사회를 지지했다.

또한 이민자들의 유입으로 도시는 팽창했다. 공공시설의 확충과 현대화가 시급했다. 1840년대 보스턴에서는 시민을 위한 도서관을 건립하자는 여론이 일기 시작했다. 당시 도서관이라곤 하버드 대학 교수와 학생을 위한 도서관과 회원제로 운영되던 보스턴 아테네움이 있었을 뿐이었다. 당대 지식인이라면, 아테네움 회원 카드는 반드시 있어야 했다. 보스턴은 새로운 시민에게도 동등한 지식의 혜택을 베풀고자 문화의 전당인 시립도서관 건립을 꿈꿨다. 권력은 시민에게서 나오고, 시민에게는 동일한 권리를 주겠다는 당시의 이념은 아직도 도서관 입구 머릿돌에 '모두에게 무료 Free to All'라는 현판 문구로 전해진다. 시민사회를 통해 권력은 칼에서 펜으로 넘어갔다. 왕궁 건립에 쏟은 엄청난 세금이 이제는 시민을 위한 도서관 건립에 쓰였다.

모두에게 열려 있는 시민의 집. 도서관은 누구든 접근 가능하고 누구나 이곳에서 대접을 받아야 한다. 아무리 가난하고 열악한 환경에 있다 하더라도, 이러한 '시민의 집'을 통한 기회의 가능성은 열려 있어야 한다. 시민의 집 종류가 많아지고, 이를 최상으로 만들고자 하는 의지가 넘쳐날 때 도시는 비로소 열린사회로 바뀐다.

보일스턴 스트리트Boylston Street를 걷다가 지치면 도서관 중앙 마당으로 들어올 수 있다. 도시의 부산함과 소음이 차단된다. 맑은 물소리와 함께, 당시 청교도 정신과 상충된다는 이유로 논란거리가 되었던 중앙의 벌거벗은 조각품이 구겨진 마음을 펴준다.

한국에서든 미국에서든 나는 옛것이 점점 좋아진다. 무척 길 것만 같았던 내 삶이 생각보다 빠르게 가고 있고, 언젠가는 나도 의식과 말이 끊긴 다른 편의 세계로 옮겨 간다는 사실을 깨닫고, 이를 받아들이고 나서부터는 더 그렇다. 인생은 성냥개비 한 개비에 붙여진 불처럼, 어느 순간 발화되어 활활 타오르고, 물기를 머금은 나뭇조각을 소모하다가 결국은 없어지는 것이란 생각이 들었다.

켜짐이면서 동시에 꺼짐인 모순과도 같은 인생이지만, 성냥개비 불처럼 인간은 자신을 표현하는 데 집착하고, 꺼질 것을 알면서도 찬란함을 갖고자 고군분투한다. 성냥개비 불처럼 살다간 수많은 건축가 중에 간혹 횃불 같은 큰불을 일으킨 이들도 있다. 그 불길의 손이 지나간 자리는, 만들어질 당시는 물론 시간이 지난 지금까지도 불멸의 작품으로 존재한다. 찰스 맥킴은 바로 그런 건축가였고, 그가 남긴 보스턴 공공 도서관은 지금도 그 빛이 꺼지지 않고 있다.

그림 5-14 보스턴 공공 도서관 마당의 분수와 조각상.

존 핸콕 타워
── 마천루 미니멀리즘

보스턴 다운타운에는 미국 여느 도시만큼 꽤 많은 고층 건물이 있다. 찰스 강변 북쪽에서 MIT의 중앙부인 킬리언 코트를 바라보면, 두 개의 고층 건축이 눈에 들어온다. 하나는 그림 5-15에 보이는 존 핸콕 타워이고, 다른 하나는 사진에는 보이지 않지만, MIT 교정에서 바라볼 때 존 핸콕 타워 우측으로 위치한 프루덴셜 타워이다.

나는 보스턴의 많은 건축물 중에서 유독 존 핸콕 빌딩을 좋아한다. 시간이 지나도 질리지 않는 단순함이 좋고, 뚱뚱해 보이기 쉬운 고층 건축을 날씬하게 보이게 한 점도 좋다. 흐린 날에는 안개 위로 사라져가는 모습도 좋고, 맑은 날에는 보스턴의 쾌청한 하늘과 구름을 반사하는 모습도 근사하다.

이 건물의 평면도는 직사각형이 아니라 평행사변형이다. 꼭대기의 좌우 높이가 달라 보이는 이유가 바로 이 때문인데, 건물 면이 칼날처럼 예리해 보이는 이유도 이 때문이다.

존 핸콕 타워의 면은 매끈하다. 수정같이 투명하고 맑다. 건축가의 예리한 지성이 하나를 향한 집중 같은 디자인으로 단순화된다. 빌딩의 얇은 쪽면에 바닥에서부터 건물 꼭대기까지 이어지는 검은 색의 한 줄이 보인다. 예각인 단면의 한 곳을 삼각형으로 따내어, 한 면은 유리면이 접어 들어가게 하고 다른 면은 검은색 철판을 삽입하여 푹 파인 검은 줄눈을 빚어냈다. 멀리서 보면 모든 게 생략된 하나의 선이다.

19세기 말 MIT를 졸업하고 시카고로 간 루이스 설리번Louis Sullivan은 큰 화재로 잿더미가 된 시카고에 새로운 건축 양식을 도입했다. 이때 그가 만든 고층 건물 때문에 설리번을 '마천루의 창시자'라고 부른다. 그는 르네상스식 구분법

그림 5-15 MIT 교정에서 보스턴 시를 바라보며 찍은 사진. 사진에 보이는 높은 건물이 존 핸콕 타워이다. 이 건물 앞으로 19세기에 지어진 아기자기한 벽돌 건물들이 줄지어 있는 모습이 보인다. 이 주택가가 백 베이다.

을 마천루에 적용하여, 고층 건물을 베이스-몸통-머리, 세 부분으로 수직적으로 나누었다. 이후 설리번의 추종자와 마천루 지지자들은 이 문법을 충실히 따라 고층 건물을 지었다. 존 핸콕 타워를 디자인한 I.M. 페이와 그의 파트너 헨리 코브Henry Cobb는 미니멀한 건축을 위해 삼분법조차 과감하게 버렸고, 건물이 하나로 읽히도록 위에서 아래까지 유리 옷을 입혔다. 주변에 있는 건물 대부분은 삼분법을 추종하는 벽돌로 된 건축이다. 강 반대편에서 보면 존 핸콕 타워는 벽돌 건물 사이에서 강한 대비를 이룬다. 존 핸콕 타워 디자인에 많은 시간을 투자한 사람은 페이의 파트너인 헨리 코브이다. 페이가 디자인한 워싱턴에 있는 미국 국립미술관 내셔널 갤러리나 파리 루브르 박물관의 삼각형 모티브를 상기한다면 둘은 비슷한 디자인 언어를 추구함을 알 수 있다.

존 핸콕 타워 바로 옆에는 많은 사람들의 사랑을 받는 건축가 헨리 리처드슨Henry Richardson이 디자인한 트리니티 교회가 있다. I.M. 페이는 존 핸콕 타워의 외장재였던 유리의 속성을 놓고 고심했던 것 같다. 땅에서는 트리니티 교회를 반사하는 배경이 되고자 했고, 하늘에서는 변화무쌍한 자연을 담는 면이고자 했다. I.M. 페이의 자전적 다큐멘터리 〈I.M. 페이：First Person Singular〉를 보면,

그림 5-16 왼쪽 사진이 옥상에서 보는 파인 검은 줄눈이고, 나머지 세 장이 그 결과 변하는 존 핸콕 타워의 모습이다.

그림 5-17 존 핸콕 타워(왼쪽의 높은 건물)와 프루덴셜 타워(오른쪽의 높은 건물)는 보스턴의 대표적인 마천루이다. 캠브리지 측에서 바라보는 존 핸콕 타워의 야경은 왜 초고층 건물은 멀리서 봤을 때 얇아 보여야 하는지 말해준다. 《뉴욕타임스》 본사 건축 이후 유명해진 저명한 이탈리아 건축가 렌조 피아노는 최근 보스턴의 초고층 빌딩 디자인을 제안 받았다. 피아노는 시당국으로부터 이 주변에 있는 보스턴 로건국제공항의 활주로 이착륙 고도제한으로 건물 높이를 낮추고 뚱뚱하게 디자인 하라는 지시를 받자, 빌딩이 얇아지지 못한다면 하지 않겠다며 책임 건축가 자리를 포기했다.

초고층 건축은 도시의 이미지다. 언론은 이러한 디자인에 대한 전문가의 의견을 모아 여론을 수렴해야 하고, 필요하다면 디자인 조율을 선도해야 한다. 시카고 제1일간지(시카고 트리뷴지)의 건축비평가 블레어 카민이 트럼프 타워에 가한 일침으로 인해 얼마나 더 멋있어졌는지 상기해보자. 생각해 보면, 우리도 이제는 주요 일간지에 건축과 도시비평 칼럼이 필요하다.

다음과 같은 이야기가 나온다.

"페이는 상하이 근처 소주 지역 출신이다. 동양의 베니스라고 하는 이곳은 사가원림私家園林이 많다. 원림에는 조경재의 으뜸으로 태호석을 뽑는다. 태호석은 석공들이 석회암을 적당히 조형한 후 태호라는 호수에 푹 담가놓고 수십 년을 기다렸다 꺼낸다. 할아버지가 심은 돌을 손자가 거두는 식이다. 이는 디자인에서 가

그림 5-18 코플리 광장 건너편에 있는 애플의 보스턴 체인점.

장 중요한 것은 시간이라는 사실과 인공으로 시작되어 자연으로 완성된다는 사실을 어린 페이의 마음에 각인시켜 주었다."

페이는 시간에 의해 스러져가는 것을 붙드는 건축가가 아니었다. 하나를 향한 집념, 이를 구현하기 위해 과감히 부차적인 것을 생략하는 기개. 너무나 단순한 그의 건축은 자연의 삼라만상을 담는 거대한 거울이 되었다. 비물질화를 지향하는 사물로서의 그의 건축은 없어졌기에 담을 수 있었다.

보일스턴 스트리트의 애플 스토어

"도시는 건축에 의해 채워진다. 따라서 건축을 어떤 눈으로 바라보고, 건축의 가능성을 어디에 두느냐에 따라 건축이 도시에 미칠 범위가 결정된다. 건축의 가능성을 좁게 보아 건축가의 능력을 한정하는 경우, 기능만 충족하거나, 부동산 가치를 극대화하는 일차원적인 건축을 짓게 된다. 반대로 건축의 가능성을 믿고 건축가를 기르고 지원하는 경우, 도시는 세계가 보지 못한 새로운 도시를 열어 가게 된다.

건축 디자인을 믿어보자. 건축을 통해 도시의 풍요로운 상징성을 드러낼 수 있다. 건축은 기술의 최첨단성을 드러내고, 사람들의 체험을 한 차원 높은 수준으로 변형시킬 수 있다. IT강국인 우리가 선도해서 새로운 도시 유형이 우리나라에서 시작될 수 있음을 세계에 알려보자. 소모적이고 환경 파괴적인 화석에너지 사용을 줄이고 대체에너지를 개발하는 국가가 미래를 이끌어가게 될 것이다. 충전식 대체에너지 기술을 선도하는 국가는 엄청난 국부를 창출할 것이고, 세계에 큰 목소리를 낼 것이다. 반드시 우리도 이러한 노력을 계속해야 한

그림 5-19 프랑스 미테랑 대통령이 추진한 '미테랑 그랜드 프로젝트'의 대표적 건축물은 루브르박물관과 파리 국립 도서관이다. 유리와 철에 대한 기술력은 길 위에 아름다운 수정체로 드러났다. 소통하는 길 위에 투명한 유리집들이 들어섰다. 파리 시민은 이에 열광했고, 세계인이 파리로 모였다.

다. 태양열, 지열, 조력, 바람을 통해 개발될 충전식 에너지의 핵심에는 유리와 철이 있다. 이러한 소재들이 전하는 디자인 화두는 '투명과 흐름'이다. 빛이 들어오고 나가야 하는 '투명'과 에너지를 수송하고 저장해야 하는 '흐름'은 미래 도시와 건축이 얼마나 고도의 유리와 철 기술을 가지고 투명도 높은 도시를 만들어가야 하는지 알려준다. 또한 동영상이 화상을 모핑 morphing 형태를 변형시켜 본다는 의미 하듯이 철과 유리를 통해 도시를 어떻게 디자인하고 모핑해야 하는지도 알려준다. 미래 도시의 키워드는 '친환경'과 '디지털'이다.

대체에너지 기술은 우리나라에서도 눈부시게 발전하고 있다. 우리가 고민해야 하는 부분은 과거는 어떠했고, 현재는 어떤 모습이며, 미래를 어떻게 열 것인가 하는 점이다. 기술을 선점할 우리는 브랜드와 디자인도 선점해야 한다. 에너지 혁명으로 불릴 그 시대를 어떻게 조직하고 브랜드화하고, 어떻게 우리 삶과 이를 담고 있는 용기를 개혁할 것인가에 대한 청사진을 준비해야 한다. 자연 에너지가 관통하는 투명한 유리그릇으로 채워질 것이고, 자연 에너지가 흐르는 '내추럴 에너지 웨이'로 조직될 것이다.

그림 5-20 애플의 보스턴 체인점, 시공부터 개장까지의 과정이다. 베일에 가려져 있을 때는 사람들의 호기심을 자극했고, 지저분한 공사현장을 하나의 이벤트로 만든 점이 남달랐다.

 스페인 마드리드 국립 유로파 대학 건축학과 교수들이 서울에 왔을 때, IT 도시로서의 서울이 특이하고 아름답다고 했다. 유럽 도시와 달리 서울은 수평적 체험이 아니라 수직적 체험의 도시라고 했다. 우리 도시의 미래 지향적 정체성은 바로 여기에 있다.

 애플사가 보스턴에 지점을 낸다고 하자 시민들은 뜨겁게 반겼다. 우선 애플이 지점을 내면, 거리가 살아나고, 주변 부동산 가치가 상승한다는 이유에서부터 도시가 받을 스포트라이트와 직접적으로 상품을 통해 혜택을 누리게 될 소비자에 이르기까지 동기는 다양했다. 애플사는 자신의 브랜드 가치를 높이는 데 건축 디자인을 사용했다. 애플은 지저분한 공사현장조차 브랜드 가치를 높이는 데 활용했다. (그림 5-20)

그림 5-21 애플 스토어 입구 모습.

저녁에는 조명 디자인으로 애플 로고를 이용했고, 준공이 임박하자 초록 바탕에 흰 로고와 글씨로 개장일을 알렸다. 베일이 벗겨지는 날, 사람들은 길가에서 이를 바라볼 정도였다. 조금씩 베일이 벗겨지고 건물 외관이 드러나자 사람들은 감탄했다. 돌로 가득하던 보일스턴 스트리트에 전면 유리 건물이 나타났다. 그 안에는 스테인리스로 마감한 골조가 완전히 드러났다. 사람들은 다시 한 번 감탄했다.

건축가가 아니라면 아무도 쳐다보지 않는 건설 현장이 애플의 손이 거치자 거리의 퍼포먼스가 되었고, 관심의 대상이 되었다. 한 사람의 손바닥 위에 올라가게 될 '작은 제품'이 '어떻게 하면 더 재미있고 편리하게 쓰게 될까' 고민하며 쏟아온 애플의 정성이 체인점을 세우는 데도 똑같이 적용되었다. 무관심의 대상을 호기심을 갖고 기다리게 만들어 지역사회에 재미와 이야깃거리를 만들어냈다, 작지만 큰 파장을 일으킨 것이다. 동네 골목길마다 일어난 놀라움이 이제는 전 세계로 퍼져 비슷한 사건이 뉴욕 5번가에서도 일어났고, 도쿄 긴자 거리에서도 생겼다.

애플 스토어는 돌벽으로 가득한 거리에 불쑥 나타난 유리면의 간섭이었다. 유리면 안쪽으로 있는 차가운 스탠면이 유리의 투명한 속성을 배가시킨다. 그

그림 5-22 애플 스토어 건너편으로 프루덴셜 쇼핑 아케이드로 들어가는 광장과 입구가 보인다. 세계적으로 유명한 보스턴 마라톤의 결승점이기도 한 이곳은 일 년에 한 번 축제의 장으로 바뀐다.

안에서 뿜어나오는 반짝이고 변하는 스크린 조명이 19세기 거리를 21세기로 옮겨 놓는다.

　말 그대로 제품이 가지는 속성을 건축으로 한껏 드러냈다. 제품의 놀라운 기술력을 유리로 표현했다. 투명하게 흐르는 듯한 터치스크린의 촉감을 건축으로 느껴지게 했다. 기억 장치인 돌을 희망 장치인 유리로 바꿨다. 과거와 미래가 공존하는 현재가 되었고, 사람들은 미래의 시간을 자신의 주머니에 넣고 소유하고 싶은 욕구로 체인점을 들락거렸다.

I.M. 페이의 또 다른 수작, 크리스천 사이언스 센터

돌과 물은 건축재로는 으뜸이다. 디자인 가능성이 다양하다. 하지만 둘의 속성은 너무나 다르다. 돌은 제자리에 있으려 하고, 물은 움직이려 한다. 돌과 물은 만나면 서로의 속성을 바꾸려 한다. 돌은 물처럼 흐르려 하고, 물은 돌처럼 가만있으려 한다. 돌은 정지태靜止態 중에 발현태發現態를 지향하고 있고, 물은 그 반대다. 두 재료의 만남은 숙명적이다. 건물과 그 앞에 뛰는 사람이 이를 닮아 있다.

길이 200미터, 너비 30미터에 육박하는 이 유리면 같은 수면은 길이로 보면 풋볼 경기장에 육박한다. I.M. 페이가 위촉한 건축가 아랄도 코수타Araldo Cossutta에 의해 땅의 예술 같은 플라자가 완성됐다. 풀의 끝에는 꽃문양의 분수가 땅

그림 5-23 I.M. 페이가 디자인한 크리스천 사이언스 센터.

그림 5-24 사진의 컬러로 된 부분 중 콘크리트로 지어진 건물이 크리스천 사이언스 교단 센터이다. 광장 중앙에 무려 204미터의 풀이 있다. 풀의 남동쪽 끝에 위치한 고층 건물은 28층 행정동이다. 풀 반대편에 기다란 콜로네이드 건물과 르네상스식 바실리카 건물 사이에 작은 화강석으로 지어진 로마네스크형 건물이 있는데, 교단은 1894년 여기에서 시작해 지금은 전 세계 2,600개의 예배 건물을 가진 종교로 성장했다. 존 핸콕 타워와 프루덴셜 타워가 보이고, 강 건너편에는 MIT가 보인다.

바닥에서부터 솟아오른다. 이곳은 아이들의 천국이다.

붉은 기운의 돌을 선택한 건축가는 검은 빛이 도는 물을 선택했다. 돌의 물 같은 속성을 보게 되고, 물의 돌 같은 속성을 보게 된다. 이런 치환 현상은 가장자리에서 가장 잘 보인다. 물의 속도를 조절한 건축가의 입장이 되어 생각해 본다. 떨어지는 물소리에 포커스를 맞추기보다는 물의 경계를 지우는 편에 디자인 역량을 쏟아 부은 것 같다.

가장자리에서 반사면이 소리면으로 바뀌며 유선형의 돌을 더욱 관능적으로

만든다. 바닥은 거칠게 해서 붉은 돌보다 살짝 낮췄다. 버선코의 맵시가 선다. 테이블보를 잡아당겨 식탁 면을 반듯하고 고요하게 하듯, 물의 가장자리를 당긴다. 물 끝이 무너져서 부드러워지기 전에 칼끝보다 날카롭게 선다. 원통형의 풍만한 돌도 모서리에서 접히며 급하게 예리해진다. 하늘을 향한 거울면으로서의 수면이 둘러싸인 건물을 반사한다. 광장을 뛰어다니는 사람들의 속도에 정확히 비례해서 움직이는 반사상이 만들어진다.

돌과 물이 만나는 면을 따라 사실은 불햇빛과 공기도 만나고 있다. 서로의 속성을 버린 본질적인 원소들은 초사물적 현상으로 되살아나고 있다.

절대적 속성이 드러나는 면을 따라 나의 상대적 속성도 사라졌으면 좋겠다. 이런 디자인 앞에서 나는 감히 유한자로서 무한자를, 갇힌 자로서 열린 자를 소망하고 싶다.

크리스천 사이언스 센터Christian Science Center는 여름에 찾아가면 특히나 일품이다. 보스턴의 여름은 무덥지만, 이곳에 오면 더위를 잊게 된다. 특히 밤에는 콘크리트 건축이 마치 망사같이 얇아진다. 1970년대 초 보스턴은 콘크리트의 도시였다. 우리나라는 고령토가 많고 미국보다 인건비가 싸기 때문에 콘크리트 건축이 주를 이루지만, 미국에서 거푸집을 짜고 평

그림 5-25 크리스천 사이언스 센터의 28층 행정동 코너 디테일.

당 자재비 높은 콘크리트를 사용한다는 것은 어렵고 비용도 많이 든다.

이곳을 처음 방문했을 때 나는 오랫동안 이 건물 앞에 서서 그저 바라보았다. 우리나라 아파트와 똑같은 높이의 콘크리트인데 너무나 달랐기 때문이다.

덩어리와 덩어리 사이에 유리를 삽입한 점, 건물의 앞뒤에 있는 콘크리트 격자가 코너를 돌면서 예각이 되도록 깎은 점이 인상 깊었다. 이처럼 페이는 예각 모티브에 빠져 있었다. (그림 5-26)

I.M. 페이를 세계적 스타로 만들어준 그의 대표작-런던 내셔널 갤러리 이스트 윙, 존 F. 케네디 도서관, 그리고 파리 루브르 박물관 피라미드-에서도 볼 수 있듯 페이는 2차원의 삼각형을 3차원적으로 세련되게 뽑을 줄 아는 건축가다. 어떤 면에서 페이에게 기하란 잣대와 같다.

그림 5-26 I.M. 페이의 주요 작품들. 상단 왼쪽부터 시계 방향으로 내셔널 갤러리 이스트 윙, 케네디 대통령 도서관, 그리고 루브르 박물관이다. 페이에게 삼각형과 예각은 그의 건축을 관통하는 중요한 기하학적 모티브이다.

메리 베이커 에디 도서관

보스턴은 '미국의 아테네'라 불리는 지식의 메카다. 보스턴 사람들의 높은 이상과 진취적 기상은 학교와 도서관을 통해 완성된다. 옛 지식은 책 속에 있고 오늘날 지식은 네트워크 속에 있다. 활자의 지식이 비트의 지식으로 거듭나며 도서관도 빠른 속도로 변하고 있다. 새로운 유형의 지식은 저장과 프로세스를 과거와 다르게 하며, 과거와는 다르게 지식을

그림 5-27 메리 베이커 에디 도서관 입구의 거울 못. 얇은 철판 위에 잔잔한 물결을 일으며 입구 앞까지 다가오는 수면은 도서관에 들어가기 전, 이곳이 세상과 구분된 지식의 전당임을 알려준다.

대하게 한다.

메리 베이커 에디 도서관The Mary Baker Eddie Library이라 불리는 이 건축물은 크리스천 사이언스 센터의 부속 도서관으로 1932년 보스턴의 건축가 체스터 처칠Chester Lindsay Churchill에 의해 디자인된 고전주의 보자르식 건물이다. 당대의 규범을 반영하듯 직사각형이다. 여기에 여성 건축가 앤 베하Ann Beha는 2003년 대대적인 개축 디자인을 가한다. 막혀 있는 삼각형 땅의 담을 일부 허물어 도로와 소통하게 하고, 건물의 벽을 허물고 곡면의 유리를 넣어 로비와 소통하게 했다.

그로 인해 막히고 닫혀 있던 옛 고전 건물이 거리와 적극적으로 소통하게 되었다. 건축 가장자리에 물이 있으면 매혹적이다. 국가의 가장자리에는 바다가 있고, 도시의 가장자리에는 강이 있다. 도심에는 하천이 있다. 물의 세계와 땅의 세계는 각각 독립적이지만, 자기 충족적 세계일 때보다 상호보완적일 때 더욱 풍성하다. 앤 베하는 물을 소통매체로 사용했다.

앤 베하는 물을 가느다란 쇠그릇에 담았다. 화강석이 그 주변을 감싼다. 유리면 너머에 로비 바닥이 보인다. 유리판 바닥에 스테인리스를 대어 부채모양의 유리를 구조적으로 붙잡아준다. 밤나무 패널링, 트레버틴Travertine 고급 대리석과 테라조 바닥, 모자이크 천장과 쇠붙이들이 자신의 재료적 속성과 구축적 결구를 맘껏 자랑한다. 질감으로 뒤덮인 앤 베하의 소통의 사물이 80년의 세월을 꿰뚫고 보자르식 과거 건축과 맺어진다.

얇아질 대로 얇아진 물그릇이 대문 앞에서 멈춘다. 헛디디면 빠질 정도로 가까워 신경이 쓰인다. 반사면이 된 물은 스케일에 상관없이 사람을 자극한다. 평소에 잠자고 있는 감각이 곤두선다. 유리 파편같이 작은 수면 위로 하늘조각이 드러난다. 물은 흐르든 멈춰 있든 쾌적하다.

그림 5-28을 보면, 건축 경계선에 대한 건축가의 섬세한 손놀림이 돋보인

다. 다소 딱딱했던 담장을 일부 헐어 적극적으로 소통하게 한다. 그리하여 조경이 거리와 적극적으로 간섭하게 해 활력을 불어넣었다. 예전에 MIT에서 스튜디오 수업을 들을 때, 슌 칸다Shun Kanda 교수님은 나에게 "한옥의 처마 밑 공간을 아는 사람이 어찌 깊이 있는 경계가 도시적 상호작용에 핵심 역할을 하는 사실을 모르냐?"라고 말씀하시며 경계의 중요성을 새롭게 상기 시켜준 적이 있다.

  앤 베하의 간섭은 경계를 허무는 도시 공간적 간섭이었고, 시대를 달리하는 건축물 간의 시간적 간섭이었고, 서로 다른 재료들 간의 물리적 간섭이었고, 물과 빛과 나무의 인공에 대한 자연의 간섭이었다. 앤 베하는 작은 건축을 통해 큰 주장을 보여주었다.

그림 5-28 에디 베이커 도서관 한 끝을 앤 베하 사무소에서 증개축을 하였다. 상단 사진의 컬러 부분으로, 크리스천 사이언스 센터의 북서쪽 끝에 있다. 하단 오른쪽 사진을 보면 도서관 벽면의 일부가 어떻게 도로로 열려 있는지 드러난다. 하단 왼쪽은 내부에서 외부를 바라본 사진이다.

펜웨이

: 펜웨이 구장부터 가드너 미술관까지

Ⓐ 펜웨이 공원 Fenway Park
Ⓑ 펜웨이 구장 Fenway Stadium
Ⓒ 보스턴 미술관(MFA) Museum of Fine Arts
Ⓓ 가드너 미술관 Gardner Museum
Ⓔ 뉴잉글랜드 컨서버토리 New England Conservatory
Ⓕ 보스턴 심포니 홀 Boston Symphony Hall
Ⓖ 노스이스턴 대학 기숙사(웨스트 빌리지) West Village Residence Complex
Ⓗ 노스이스턴 대학 채플 Northeastern University Chapel

여섯 번째 이야기

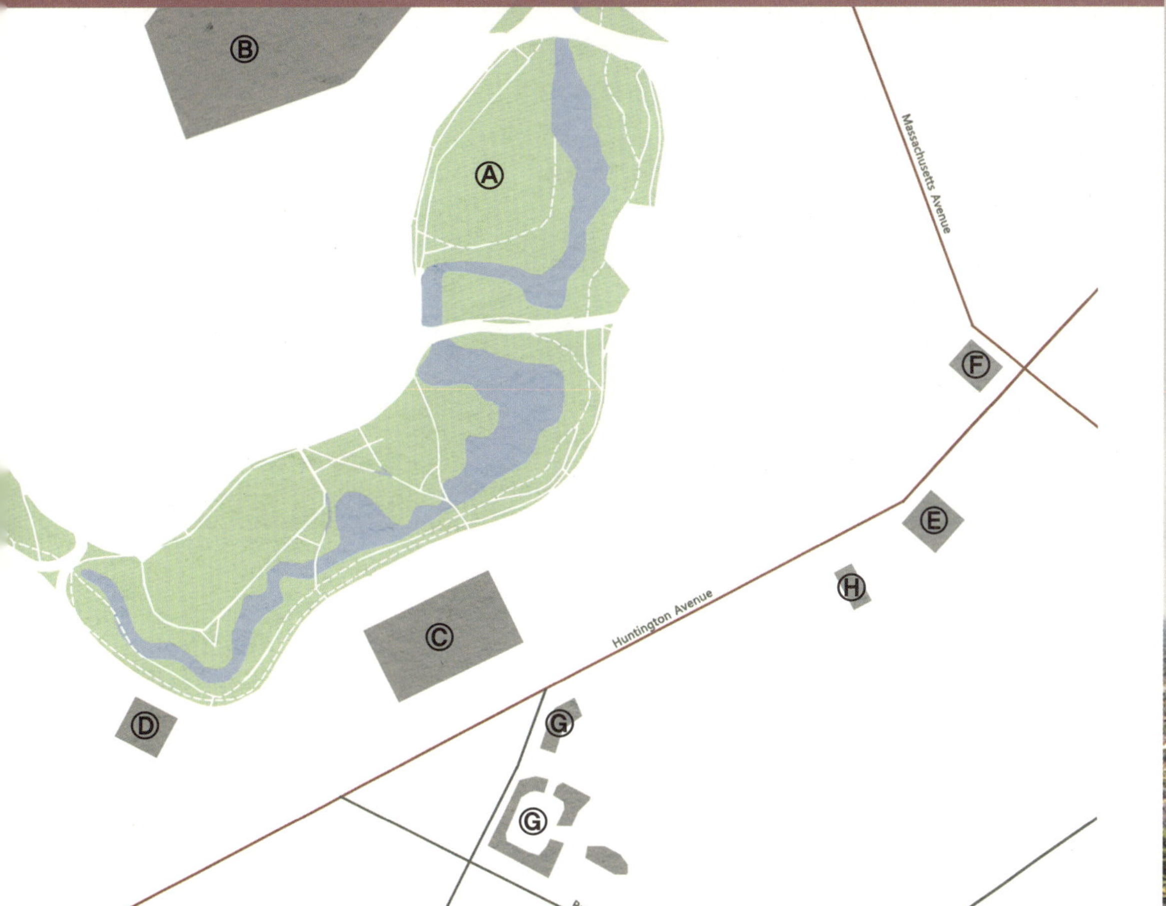

Ⓑ
Ⓐ
Massachusetts Avenue
Ⓕ
Ⓔ
Ⓗ
Ⓒ
Huntington Avenue
Ⓓ
Ⓖ
Ⓖ
Ruggles Street
Tremont Street
Parker Street

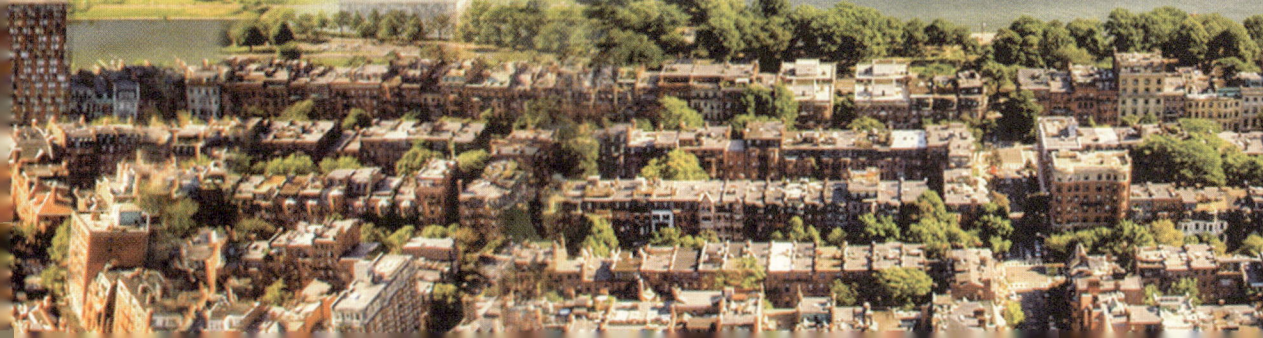

그림 6-1 A는 보스턴 도심을 관통하는 90번 고속도로. B는 펜웨이 구장. C는 에메랄드 네클레스 녹지로 펜웨이 부분에 해당한다. D는 크리스천 사이언스 센터. E는 프루덴셜 타워. F는 존 핸콕 타워. 펜웨이 구장에서 고속도로 쪽을 면한 벽을 '그린 몬스터Green Monster'라고 부른다. 관중석이 없는 벽면으로, 우타자들에게는 홈런을 가르는 높이 11.3미터인 마의 고지다.

모든 야구장의 로망
— 보스턴 레드삭스 펜웨이 구장

　　　　　　　　　　•우리나라에서 가장 국민적 관심이 높은 스포츠 행사의 순위를 매겨 보면 아마 월드컵, 올림픽, 아시안게임일 것이다. 미국에서 인기가 가장 많은 스포츠 종목은 풋볼, 야구, 농구이다. 이 세 가지 스포츠에 대한 미국인의 엄청난 관심을 이해하는 것은 미국이라는 나라를 이해하는 것과 밀접한 관련이 있다.

　미국은 땅덩이가 넓은 나라이므로 한 도시와 다른 도시는 거의 한 나라에서 다른 나라와의 관계만큼 지리적으로도 멀고 문화적으로도 다르다. 풋볼, 야구, 농구는 주요 도시마다 프로팀을 가지고 있고, 이들의 경쟁은 도시의 자존심이자 긍지를 나타낸다. 보스턴은 뉴욕과 라이벌인데, 두 도시가 경기를 할 때 그 경쟁은 훨씬 치열하다. 풋볼의 결승전인 슈퍼볼 경기시간은 미국에서 가장 시청률이 높다. 모든 국민의 관심이 한 경기에 쏟아진다. 동네마다 친구들끼리 모여 피자를 시켜놓고 경기를 지켜본다. 같이 경기를 보는 친구 중에는 감독의 전술과 선수 각자의 특징을 죄다 꿰고 있는 친구가 꼭 한 명씩 있어 예리한 해

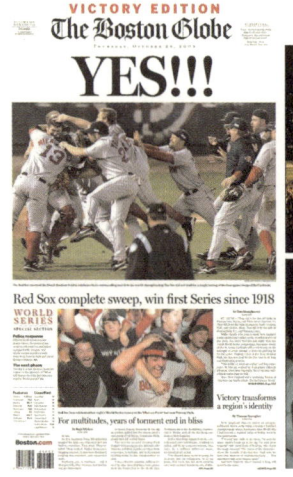

그림 6-2 2004년 보스턴 레드삭스가 월드시리즈 패권을 장악한 순간. 결승전 상대가 뉴욕 양키스였기에 시민들의 기쁨은 더 컸다.

설을 해준다.

콜라를 들이키고, 박수를 치고, 소리를 지르며 시간이 갈수록 열광에 빠진다. 집집마다 점점 커져가는 응원소리, 마을마다 점점 커져가는 괴성과 박수 소리가 도시를 메우고, 미국 전역은 우리의 붉은 악마 같이 변한다. 슈퍼볼 중계라는 프라임 시간 중간에 나오는 TV 광고는 기업의 영향력을 드러낸다. 광고의 파급효과 또한 천문학적이다. 삼성이나 현대 같은 우리나라 기업 광고가 나올 때면 그 뿌듯함은 이루 말할 수 없다. 미국 친구들에게 "저 회사 우리나라 기업인 것 알지? 일본 회사 아니야"라고 말하면서 이국땅에서 애국심을 확인하게 한다.

풋볼의 슈퍼볼에 버금가는 결승전이 야구에서는 월드시리즈다. 보스턴 레드삭스는 번번이 월드시리즈에서 뉴욕 양키스에게 참패했다. 2004년, 드디어 86년간의 저주를 깨고, 펜웨이 구장에서 보스턴 레드삭스가 우승컵을 차지한 역사적 사건이 일어났다.

이날 보스턴은 열광의 도가니였고, 거리 교통은 마비되었다. 원래 보스턴은 대학교가 많아 젊은이들이 많은 곳인데, 이날 학생들은 기쁨을 주체하지 못하고 거리로 쏟아져 나와 소리를 질렀다. 우리에게 2002년 월드컵이 있었다면, 보스턴에는 2004년 월드시리즈가 있었다. 보스턴 사람들에게 펜웨이는 시민들을 하나로 묶어준 장소로, 영원히 잊을 수 없는 구장이 되었다.

펜웨이 구장은 건축물로서도 우수하다. 빌 테큐 할아버지는 보스턴에서 반드시 체험해야 할 이벤트 중에 펜웨이 구장에서 야구 경기 관람이 있다고 꼽을 정도다. 지은 지 100년이 된 야구장은 현재와 같이 메가급으로 짓기 이전 유형의 구장으로, 관중석과 필드 간 거리가 무척 짧아 선수와 관객이 하나가 되는 곳이다. 메릴랜드 볼티모어의 캠던 야즈 오리올 구장이 펜웨이 구장의 이런 친밀감을 따라 하고자 했다.

야구장의 배치 또한 특이하다. 보스턴에서 펜웨이지 역은 에메랄드 네클레스의 정중앙에 위치하는 녹지가 풍부한 곳으로 주변 길의 체계가 유기적이다. 거리의 유기적 형상에 맞게 야구장 외야가 그려졌고, 관중석도 독특한 방식이다.

펜웨이 구장은 새로 지어진 야구장에 비해 대칭적이지도, 그렇다고 장엄하지도 않다. 어디가 정문인지 찾기 힘들 정도로 구장 평면 모양이 일그러진 도형이지만, 그로 인해 펜웨이 구장과 도시가 밀접한 관계를 맺게 되었다.

그림 6-3 보스턴 문화의 정수를 짧은 시간에 맛보고 싶다면 야구팀 레드삭스의 본고장 펜웨이와 풋볼팀 페이트리엇의 본고장 질레트에서 경기를 관람하면 좋다. 온 가족이 경기장에 나와서 핫도그와 스테이크를 먹는 모습은 우리에게 생소하지만, 경기에 열광하는 모습은 보는 것만으로도 즐겁다. 문제는 티켓 예매인데, 야구는 경기 수가 많아 비교적 구하기 쉽지만 시즌 티켓을 한꺼번에 파는 풋볼은 티켓 구하기가 어렵다.

건축계의 세계적인 스타, 노먼 포스터

˚나는 미국에 와서 두 명의 건축가를 더욱 좋아하게 되었다. 아마도 MIT에 유학을 와서 존경했던 영국 출신의 앤드류 스콧

그림 6-4 위쪽은 이탈리아 건축가 렌조 피아노, 아래는 영국 건축가 노먼 포스터다.
외국 건축가들이 국내에 들어와 메이저 프로젝트 설계권을 따는 것에 대해 반대하는 사람도 많지만, 적어도 나는 찬성한다. 서울은 더 이상 한국인만의 도시가 아니다. 서울은 뉴욕, 런던, 파리, 도쿄가 그렇듯이 세계인의 도시이고, 따라서 세계에서 가장 뛰어난 인재들이 주요 공공건물을 설계해야 한다고 생각한다. 그래야만 우리 도시의 브랜드가 세계적으로 올라가고, 또한 우리 도시를 보러 외국인도 많이 올 것이다.

Andrew Scott 교수님과 갓 부임해 오신 존 페르난데스 John Fernandez 교수님 영향이었다. 1998년도만 해도 건축계는 아직 친환경적인 접근이 제도화되기 이전이었는데, 두 교수님은 개인의 작가적 천재성보다는 팀의 협업이 만드는 시스템 건축에 관심이 많았고, 기술의 가능성을 믿었으며 친환경적 도시 및 산업, 건축 구축에 관심이 많았다.

두 교수의 공통된 특징은 매우 실증적이고 논리적인 데 있다. 글을 쓸 때도 단문 형식의 글을 좋아했고, 감상적인 글보다 비전이 있고, 명료한 테제와 논리가 있는 다소 차갑게 여겨질 이성적인 글을 선호했다. 군더더기 없는 그들의 글은 포장을 필요로 하지 않았다. 사고의 명료함을 현실과 사실에 바탕을 두어 논리로 충전되게 일으켜 세운 글은 짧지만 맑고 힘이 있었다. 디자인 스튜디오와 이론 과목을 가르치는 방식도 이와 같았다. 목탄으로 그린 감각적이고 시적인 인상화보다는 샤프로 그린 단순 명료한 사실화를 선호했다.

두 교수님 모두 현재 생존해 있는 건축가 중 노먼 포스터와 렌조 피아노 Renzo Piano가 가장 뛰어나다고 지목했다. 노먼 포스터와 렌조 피아노가 디자인한 건축물을 직접 보면, 마치 신라시대 왕관을 보는 것같이 철을 다룬 손놀림이 경지에 올라 있다. 포스터와 피아노의 건축에는 공예적 구조미가 있다. 가장 우아한 수준의 얇고 경쾌한 철골이 되기까지, 공예 수준으로 구조재를 다듬고 이를 마감재로 덮지 않고 과감히 노출시킨다.

　유리를 다루는 솜씨 또한 대단하다. 포스터와 피아노의 오랜 집념 중 하나는 태양이 주는 빛과 자연이 주는 신록을 건축물 안 깊숙이 담고자 한 점이다. 하늘부터 떨어지는 빛에는 결을 주려고 하고, 밖으로부터 들어오는 자연은 투명하도록 했다. 따라서 천장 유리는 지붕을 지지하고 있는 구조와 빛에 결을 주려는 산광장치와 통합하여 디자인되어 있고, 벽면 유리는 유리를 붙잡고 있는 철제 프레임조차 가급적 안 보이게 하는 미니멀한 접근방식으로 처리되어 있다.

　또한 포스터와 피아노는 건축가와 엔지니어들이 가지는 통상적인 상하 관계를 뒤집었다. 건축가가 구조와 공조 엔지니어들과 협업을 할 때, 시너지 효과가 나올 수 있는 사실을 이들은 젊어서부터 알았다. 이들은 엔지니어링과 디자인이 서로를 존중하며 양보하고 협업할 때, 아름다우면서 고성능의 시너지 건축을 할 수 있음을 믿었다. 고효율의 건축은 관련 분야의 지식과 정보를 가장 스마트한 방식으로 통합할 때 획득 가능하고, 이때의 건축은 에너지를 작게 쓰고 지속적인 건축이 된다. 그래서 포스터와 피아노의 건축은 친환경적이다.

　노먼 포스터가 디자인한 존 스푸어 브룸 도서관(John Spoor Broome Library)을 보자. 캘리포니아 주립 대학 채널 아일랜즈가 있는 작은 마을에 있는 이 도서관은 기존 시설을 증축하는 형식으로 세워졌다. 이 건물은 작고 잘 알려지지 않은 프로젝트이지만, 포스터 건축을 이해하는 데 큰 도움이 된다. 도서관을 하늘 높이에서 내려다보면, 멀리 건물 서쪽으로 태평양이 있고 동남쪽은 작은 산으로 둘러싸고 있다.

　포스터는 거대한 지붕으로 해법을 찾았다. 기존의 도서관 건물과 약간의 여백을 두고 얇게 'ㄷ' 자형의 증축동을 세운 다음, 전체를 지붕으로 덮었다. 커다란 직사각형 지붕을 하늘에서 바라보면, 세 부분으로 나눌 수 있다. 하나는 지

그림 6-5 존 스푸어 브룸 도서관 위성사진. 사진의 A는 가운데 사진에서 색으로 표시된 부분이다. 여기서 B는 가장 아래 사진의 표시된 건물 위치를 보여준다. 이 사진에서 주황색으로 된 지붕이 기존에 있던 도서관이고, 흰색 지붕이 포스터가 증축한 부분이다. 사진을 보면 캠퍼스가 산에 둘려 싸여 있음을 알 수 있다.

붕이 뚫린 부분으로 입구 마당을 덮고 있는 부분, 다른 하나는 천장이 있는 부분으로 마당을 지나 만나는 독서공간을 덮고 있는 부분, 마지막은 기존의 건축물과 새로 짓는 건축물의 경계 부분이다. 큰 틀에서 바라보면, 뒤의 산세와 앞의 바다가 연결되어 있고, 석양의 빛을 마당에 채우겠다는 의지가 있다. 작은 틀에서 바라보면, 건축의 기능에 맞게 국지적으로 지붕을 조정하여 공간에 대응하겠다는 의지가 읽히는 작품이다.

큰 자연의 틀을 작은 건축의 틀로 초청하려는 생각과 이를 가능케 하는 건축적 수단이 공예 같으면서도 똑똑한 지붕이라는 점이 흥미롭다. 나는 존 스푸어 브룸 도서관을 보며 일망무제하게 펼쳐진 소백산맥을 안양루에 담으려 했던 부석사와, 안동의 강과 산을 만대루에 담으려 한 병산서원이 생각났다.

포스터는 지붕에 집착하는 건축가이다. 르노사 공장을 세울 때도, 스텐스테드 공항을 세울 때도, 런던의 대영박물관을 증개축할 때도, 독일 국회의사당 라이히스타크Reichstag를 증개축할 때도, 워싱턴 DC의 스미스소니언 박물관을 증개축할 때도 그랬다. 그의 지붕은 구조적이면서

그림 6-6 왼쪽 상단부터 시계방향으로 르노사 공장, 런던 대영 박물관, 워싱턴 DC 스미스소니언 박물관, 독일 국회의사당 라이히스타크, 런던 스텐스테드 공항. 노먼 포스터의 건축 안에서 열린 하늘에 대한 열망은 유한적 공간에 무한적 펼침을 담고자 하는 건축가로서의 의지였다.

공예적이고, 공학적이면서도 미학적이다. 그의 건축은 빌딩의 종류나 지역, 신축이나 증축 여부와 상관없이 하늘을 시적으로 열고자 하는 열망으로 가득 차 있다.

영국 윌트셔 주 스윈던에 있는 르노사의 유통센터가 섰을 때, 건축계는 뜨거워졌다. 구조 역학의 벤딩 모멘트 다이어그램을 형태적으로 형상화한 건축이었고, 마치 레고 장난감같이 하나하나 결구하는 건축이었고, 부분이 전체를 반영하는 시스템적인 건축이었다. 투명한 유리가 푸른 초원을 막힘없이 내부로 앉았고, 얇은 철제들의 인장미학이었다. 건축계는 이를 지칭하여 '하이테크 건축'이라고 했다.

스텐스테드 공항이 섰을 때, 포스터에게 지붕의 끝은 과연 어디까지인지를 두고 건축계의 논란은 더 뜨거워졌다. 보통 공항의 경우, 공조 덕트_duct 때문에 공항 콩코스_concourse 안에 자연을 넣는 것은 거의 불가능한데, 포스터는 기존의

155

이러한 발상을 완전히 바꿨다. 공조 덕트를 모두 지하에 넣음으로써 지붕을 지지하고 있는 구조와 지붕을 덮고 있는 막을 터미널 부스와 일체화한 고효율 고성능의 지붕 베이를 완성했다. 이는 르노사 공장에서 보여준 구조 형태 미학을 한 차원 더 끌어올린 것이었다.

대영 박물관의 성공은 포스터의 재량이 단순히 신축 디자인에만 머물러 있지 않음을 입증했다. 고전 건축의 마당을 유리지붕으로 덮겠다는 발상은 옛 건축의 문제점을 풀어주는 해법이었다. 이로써 현대 미술의 거대함을 담기에는 폭이 좁은 과거 건축의 한계를 극복했다. 한쪽 윙에서 반대편 윙으로 가려면 박물관 콤플렉스 전체를 돌아야 했던 동선의 문제점도 해결했다. 어두침침하게 간접광만 들어오고, 지루하게 반복되는 전시공간에 대담하면서도 밝은 중앙이 생겼다.

독일 국회의사당 라이히스타크의 지붕은 포스터가 디자인한 지붕의 상징이다. 통일 후 독일은 수도를 다시 베를린으로 옮기고 통합된 국가의 새로운 비전과 신념을 2차 세계대전에 불타 무너져 내린 자리에서 다시 시작하려고 했다. 국회의사당은 '비스마르크 독일, 나치 독일, 분단 독일'이라는 영욕의 역사를 끌어안으면서 통일 독일이라는 새로운 역사의 장을 집필하는 정치적, 역사적, 문화적 중심으로 자국민과 유럽인, 세계인을 향한 구 이념 세계의 몰락과 새로운 생각의 승리와 급부상을 알리는 등대였다.

나는 포스터의 건축사사무소가 MFA 증축을 설계한다는 소식을 듣고 무척 반가웠다. 미국 박물관으로는 그 명성이 뉴욕의 메트로폴리탄 박물관과 1~2위를 다투는 MFA는 건축가 기 로웰에 의해 1907년 헌팅턴 애비뉴(Huntington Avenue)에 면해서 'ㄷ'자형 건물동이 세워졌고, 1915년 증축으로 펜웨이 공원을 면하는 'ㅡ'자형 건물이 세워졌다.

그림 6-7 A는 펜웨이 파크, B는 헌팅턴 애비뉴, C는 MFA, D는 크리스천 사이언스 센터이다. MFA 건물의 붉은색 부분이 I.M. 페이의 서측 윙이고, 청색 부분이 노먼 포스터에 의해 새롭게 단장한 글라스 아트리움이자 새롭게 첨가되어진 인디언 예술 윙이다.

그림 6-8 우측 하단은 포스터가 증축 디자인한 MFA 외관, 좌측 하단은 유리 박스를 넣은 후 남은 마당에서 찍은 사진, 우측 상단은 외관 클로즈-업, 좌측 사진은 내부 천장 클로즈업.

1981년에 들어선 I.M. 페이의 서측 윙은 기존 MFA의 내부 기능을 보완하는 차원에서 지어졌다. 로웰의 보자르식 건축을 존중한다는 의미에서 파사드 처리_{건물의 외측 전경으로 특히 정면, 구조체의 표면, 건물의 외벽처리 혹은 정면도를 이른다. 퍼사아드라고도 하며 건물의 입면 또는 정면을 뜻함는} 거의 없고, 기존의 화강석을 사용하여 건물 외관을 완성했다. 페이가 지은 건물은 1/6 정도의 면적만 전시공간으로 할애했을 만큼 대부분의 공간이 레스토랑, 극장, 뮤지엄 스토어, 교육 공간으로 방문자들이 쉬거나 정보를 얻는 장소였다. 뿐만 아니라 페이가 만든 동은 새로운 박물관의 입구 역할을 했다. 대부분의 방문객들이 차를 이용하면서 주차장에서 바로 접근할 수 있는 증축동 입구를 선호했다.

    포스터가 증축을 하면서 로웰의 원안을 부활시켰다. 보자르식 평면 구축법인 좌우 대칭형의 평면을 되살렸다. 페이의 서측 입구를 닫고, 원 계획안인 헌팅턴 애비뉴 측의 주입구를 살리고, 헌팅턴 애비뉴와 펜웨이 공원을 연결했다.

    포스터의 증축동 디자인은 두 마당 공간을 유리 박스로 덮는 것에서 시작된다. 길었던 박물관 내부 동선이 짧아졌고, 지루했던 전시공간의 연속이 새로운 투명공간의 삽입으로 활력을 얻기 시작했다. 돌집에 유리 집을 끼워서 과거와 현재를 세련되게 연결했고, 결과적으로 내부에 방향감각이 생겼다.

    포스터의 디자인을 통해 기존의 돌집에 의해 닫혀 있던 박물관이 유리 박스로 인해 열리게 되었다. 그가 새롭게 제안한 투명한 유리 박스는 작품이 직접 광에 노출되는 것을 슬기롭게 피하면서, 펜웨이 공원의 아름다움이 내부로 들어올 수 있도록 했다. 멀리 한눈에 보이는 도심 스카이라인이 협소증과 피곤증도 단숨에 날려 버렸다.

    포스터의 유리지붕은 거리를 면한 쪽과 마당을 면한 벽을 타고 땅까지 접혀 내려갔다. 고전주의 건축 벽면 앞으로 접혀 내려간 유리지붕은 단숨에 벽면 자체를 아트리움의 벽면을 장식하는 예술 작품으로 승화시켰고, 거리를 향해 접힌 부분은 내부에 조각상을 전시하여 벽면에 활력을 줄 뿐만 아니라 저녁에는 내부 조명이 거리를 밝히고, 또한 거리로 비추어진 내부공간이 깊이 있는 건물 얼굴을 완성한다.

건축계의 또 다른 별, 렌조 피아노 보스턴 가드너에 안착하다

렌조 피아노는 파리의 퐁피두센터 Pompidou Center 설계 공모전 당선으로 세계 무대에 우뚝 선 건축가다. 사방팔방 막혀 있는 돌 건물로 가득한 파리에서 퐁피두센터는 도시를 향해 뚫려 있는 건축물이었다. 이는 새 시대를 알리는 건축으로, 공간을 사용하는 방식은 결정된 것이 아니라 변할 수 있다는 사실을 알리는 건축이었다. 가볍고 투명한 건축으로 탄력적인 기능을 담는 그릇이었다.

퐁피두센터는 건물의 구조가 외부로 노출되어 있고 골조 외에 남은 부분이 유리로 마감된 점에서 파리 노트르담 사원의 고딕 정신을 가졌고 파리 에펠탑의 철골 구조미 정신을 가졌다. 그것은 건물이면서, 단순히 건물이기를 거부했던 건축사 속 수많은 건물의 몸부림과 맥을 같이하는 저항이었다.

생물의 뼈와 관절을 연상시키는 이 건물은 두 가지 측면에서 아름답다고 할 수 있다. 하나는 건축을 부품화 하고 공장에서 생산하여 현장으로 가지고 와 조립했다는 점이다. 다른 하나는 그로 인해 건물의 관절이 살아난 듯 구조재의 연결이 아름답게 처리되었고, 일반인들도 시공 순서를 쉽게 이해할 수 있게 모든 부재가 노출되었다는 점이다.

그림 6-9 메닐 컬렉션. 넓은 잔디 위에 사뿐히 앉은 메닐 컬렉션은 대부분 단층으로 된 전시공간이다. 중층으로 솟아오른 부분이 남측에 위치한 행정동이다. 휴스턴의 조용한 주택가에 위치해서 주변과 어울리는 회색 계열 목재 외장재를 사용했다.

피아노의 구조 부재를 다루는 솜씨는 앙리 라부르스트Henri Labrouste가 디자인한 성 쥬네브에브St. Genevieve 도서관의 가늘고 장식 있는 철골 기둥과 가구 디자이너이자 건축가인 장 프루베Jean Prouve의 공예미 넘치는 가구를 떠오르게 한다. 이것은 구조재와 구조 디테일이 가볍고 매끈하게 보이기 위한 피아노의 노력이 건축사적으로 파리를 빛낸 구조 건축가를 연상하게 만들기 때문이다.

나는 렌조 피아노를 좋아하게 되었는데, 그 이유는 다음과 같다. 먼저 배낭여행을 통해 본 퐁피두센터가 한몫을 했고, MIT에서 만난 교수님들이 그를 좋아한 것도 영향을 줬다. 그를 결정적으로 좋아하게 된 계기는 텍사스 주 휴스턴에서 메닐 컬렉션Menil Collection을 보고 난 다음이다.

휴스턴 주택가에 사뿐히 앉은 이 건축물 또한 노먼 포스터의 지붕 건축물과 비슷하게 땅에 발 내딛기를 거부한다. 그로 인해 땅 위를 떠다니는 피아노의 지붕은 민들레 홀씨처럼 가볍다. 하늘하늘 날 것 같은 피아노의 지붕은 사실

161

집념과 정교함의 산물이었다. 작고한 구조 엔지니어 피터 라이스Peter Rice와 피아노의 합작품인 이 박물관의 핵심이라 할 수 있는 태양빛 산광판에서 보인다. (그림 6-10)

메닐 컬렉션의 건축주였던 도미니크 메닐은 박물관 구석구석이 자연광으로 넘치길 원했다. 실내가 마치 바깥처럼 느껴지는 그런 내부. 따라서 피아노와 라이스는 산광판에 집중했고 결국 피아노는 자연적인 잎사귀 모양의 산광판을 만들었다. 피아노는 단순한 개별 요소가 모여서 만들어내는 집합적인 아름다움을 아는 건축가였다. 그렇지만 실제 콘크리트를 이용해 이를 건설하기는 불가능했다. 오랜 고민과 연구를 통해 피아노와 라이스는 자동차 제작 업체인 피아트F.I.A.T에서 사용하는 연성철ductile iron과 주물성이 높은 페로 시멘트Ferro Cement, 철을 함유한 시멘트를 이용한 건설방식을 착안했다.

1999년 여름 이곳에 도착한 나는 물결치는 산광판에 놀라움을 금치 못했다. 빛은 하늘에서 모든 곳에 보편적으로 비추는 '일반 해'이지만, 이를 받아들이고 세상에 다시 비추는 '특수 해'는 건축마다 다르다는 사실이 놀라웠다. 특히 피아노의 특수 해는 빛을 천장에서 물결치게 했다. 전시관 전체가 마치 민들레 홀씨처럼 바람에 나부끼는 것 같았고, 공기 중에 이리저리 떠다니는 그 부유함이 내 정신과 육체마저 둥실둥실 떠 있는 착각에 빠지게 했다.

1990년대 말 프랭크 게리Frank Gehry의 구겐하임 빌바오 미술관 성공으로, 세계 건축계는 스타 건축가의 시대가 열렸다. 미국인들은 프리츠커 상을 수상한 건축가들 중 렌조 피아노에게 미술관 디자인을 몰아주기 시작했다. 2000년 이후 피아노가 미국에 디자인한 박물관 수는 미국 출신의 다른 건축가들에게는 반감을 일으킬 정도로 압도적이었다. 텍사스 주 댈러스를 시작으로 애틀랜타, 뉴욕, 시카고, 샌프란시스코, 로스앤젤레스 등 미국 굴지의 도시에 피아노의 건

그림 6-10 왼쪽은 피아노 건축의 핵심이 되는 기본 스케치다. A는 태양광을 분산시키는 나뭇잎 모양의 산광판이다. 산광판 끝에 조명을 붙들 수 있게 했다. B는 아래 산광판과 위의 유리 덮개를 붙들고 있는 구조 얼개로, 일종의 삼각 트러스 프레임이다. C는 유리 덮개와 배수 홈통이다. A, B, C는 여러 기능을 하고 있는 통합된 천장 시스템이다. D는 공조 시스템이다. 포스터와 마찬가지로 자연광을 들이기 위해 냉난방과 공조를 바닥에서 한다.

축물이 지어졌다. 새로운 건물이 완공될 때마다 그의 영향력은 더 커져갔다. 그 중에서 2006년 완공된 뉴욕의 모건 도서관Morgan Library 증축은 그 절정이라고 볼 수 있다. 20세기 초 건축가 찰스 맥킴이 설계한 기존 도서관과 다른 건물들 사이를 비집고 들어선 피아노의 새 건물은 과거의 영광을 재조명하기 위해 자신을 드러내기보다는 한껏 낮춘 유리 박스다. 건축의 주제는 소멸이었다. 이로써 피아노의 유리 박스는 흩어져 있던 과거를 묶는 광장이 되었고, 도심의 오아시스가 되었다.

메디슨가 돌 건물의 연속선상에서 읽혀지는 이 건물은 조용하다. 하지만 이 건물 안으로 들어서는 순간, 외관의 침묵이 유리 아트리움으로 인해 소통의 장소로 변한다. 지금은 철거되어 사라진 뉴욕의 펜 스테이션 기차역에서 누렸던 19세기 말의 철골 유리 아트리움의 노스탤지어가 되살아난 느낌이다. 철골과 그 디테일을 다루는 수준과 내부의 투명성은 미스 반데어로에Mies Van Der Rohe가

그림 6-11 A는 새로 삽입된 피아노의 건물. B는 찰스 맥킴이 건축한 모건 도서관이다. 좌측 상단에 보면 기존의 건물 네 개 사이 공간에 피아노의 건물이 들어간 걸 볼 수 있다. 우측 상단 사진은 매디슨가의 주 출입구로 들어와 아트리움에서 엘리베이터를 바라보는 모습이다. 우측 하단은 아트리움을 통해 뉴욕 스카이라인이 보인다.

디자인한 뉴욕의 시그램 빌딩Seagram 이후 처음으로 되살아난 듯 높은 진실성을 부여한다. 다만 다른 점이 있다면, 자기 과시적으로 홀로 서 있는 건축이 아닌 기존의 건물들과 관계 맺기를 시도하는 도시 조직으로서 건축이라는 점이다.

맥킴의 수많은 작품 중에서도 모건 도서관은 보스턴 공공 도서관과 함께 그의 대표작에 속한다. 렌조 피아노의 유리 박스가 도시적이면서도 맥킴의 건축에 표하는 경의는 어떤 예찬보다 경이롭다. 가끔씩 건축은 말보다 더 표현력이 있다. 피아노의 유리 박스는 맥킴의 도서관으로 들어가기 위한 전실前室 같은 느낌을 준다. 일몰이 시작될 때 모건 도서관으로 들어서면, 아늑한 나무 바닥 위로 경쾌하게 떠 있는 엘리베이터가 보이고, 유리 너머로 맨해튼의 벽돌 건물이 파노라마로 펼쳐진다. 그림 6-11의 우측 하단 사진에 나오는 조그마한 계단을 밟고 올라서면, 맥킴의 방이 마술같이 펼쳐진다. 피아노는 이 방의 시간적 가치를 알고 있었고, 이 방까지 오는 공간적 과정을 조율하여 기대감을 극대화했다. 맥킴이 방에 들어서자 나는 거대한 바위가 가루가 되어 쏟아지며, 작열하는 태양의 빛을 반사하는 듯한 착란에 빠졌다. 천장을 향하는 조명의 돌받침조차 돌이기를 거부하고, 그 빛이 만지며 드러내는 모자이크 벽면도 돌이기를 거부한다. 나는 손으로 벽면을 비벼보고 싶은 충동을 느꼈다.

뉴욕 모건 도서관의 성공은 보스턴 사람들에게 획기적으로 다가왔다. 스타 건축가가 자기 건축을 과시하기보다는 기존 건축물의 우수함을 드러내면서, 자신의 실력은 은은히 비추는 모습에 보수적인 보스턴 사람들은 감동했다. 이후 하버드 대학 박물관과 이사벨라 스튜어트 가드너 미술관에서 피아노에게 연락을 했고, 그리하여 피아노에 의한 박물관 증축안 두 개가 보스턴과 캠브리지에 들어서게 되었다.

이사벨라 스튜어트의
가드너 미술관

보스턴은 겨울이 길다. 4월에 눈이 90센티미터 이상 내리기도 한다. 한겨울에는 꽁꽁 얼어붙은 찰스 강가와 도로의 눈을 녹이기 위해 뿌린 염화칼슘의 희뿌연 회색빛이 추운 마음에 황량함을 더한다. 다섯 달 이상 지속되는 앙상한 나뭇가지들과 살을 에는 바람을 느껴보면, 왜 보스턴이 최적의 교육 도시인지 짐작할 수 있다. 겨울이 오래 지속되면 봄이 더 애타게 기다려진다. 추운 한겨울에 보스턴에서 봄기운을 느끼고 싶다면, 반드시 들러야 하는 곳이 가드너 미술관이다.

가드너 미술관을 세운 사람은 이사벨라 스튜어트 가드너다. 책을 좋아했던

그림 6-12 불멸의 가드너 미술관 내부. 안으로 들어서면 퍼져 나오는 핑크빛 벽의 색채와 쏟아져 내리는 태양, 퍼져 나오는 꽃의 향기가 베니스 건축을 떠올리게 한다. 베니스 건축을 따랐다고 하지만 베니스의 어떤 명품 건축과 견주어 보아도 모자라지 않다.

그녀는 지적이고 왈츠를 즐겼다고 한다. 또한 노래도 잘하고 언변도 뛰어났지만 조용히 남의 이야기 듣기를 좋아했다. 뉴욕 출신의 그녀는 19세가 되던 해 보스턴 출신의 존 가드너와 결혼했다. 당시 보스턴 상류사회 여자들은 뉴욕 출신 여자에게 보스턴의 매력 있는 남자를 빼앗겼다고 뒷말이 많았다.

그녀는 2살 된 아들이 죽자 어두워졌다. 자식을 잃은 상실감에서 오는 비통함이 우울증으로 발전해 앓아눕고 말았다. 보다 못한 그녀의 남편은 치료를 위해 쓰러져가는 아내와 유럽으로 여행을 떠났고, 유럽에서 만난 훌륭한 건축과 예술이 그녀를 서서히 회복시켰다. 아들을 잃은 슬픈 빈자리는 건축과 예술로 채워졌다. 특히, 이탈리아 베니스의 건축들과 르네상스 미술은 그녀를 사로잡았다.

보스턴으로 돌아온 그녀는 유럽 예술 전도사가 되었다. 문화 엘리트였던 하버드 대학 교수 찰스 엘리엇 노튼 Charles Elliot Norton, 예술품 구매 자문을 해준 예술사가 버너드 베런슨 Bernard Berenson과 친분을 쌓았다. 버너드 베런슨은 이사벨라를 대신해 렘브란트, 보티첼리, 라파엘, 루벤스, 드가, 타이탄 등 미술계에 획을 그은 작가들의 작품을 유럽 경매시장에서 구매하기도 했다.

 그러나 그녀의 삶에 또 다른 시련이 찾아왔다. 6년 사이에 아버지와 남편을 잃은 것이다. 그녀는 슬픔에 쓰러지지 않고 아버지와 남편이 남긴 유산을 모두 예술에 쏟아붓기로 결심하고 미술관을 건립하게 된다. 건축 양식은 그녀가 가장 좋아하는 베니스 풍이었다. 이탈리아에서 최고의 석공을 영입해 왔고, 공사는 외부와 철저히 차단된 채 진행되었다. 건물이 지어지는 중에는 자주 유럽에 가서 건물 핵심 디테일에 들어가는 조각 기둥이나 돌을 사 왔다. 어두운 슬픔을 밝은 창조로 바꾸고자 한 그녀의 집념은 대단했다. 몇몇 사람들에게 제한적으로 미술관을 개관하자 탄사와 감동이 쏟아졌다. 이는 건축과 예술을 통해 슬픔을 이겨 낸 승리의 표상으로 지금까지 전해진다.

 가드너 미술관에 들어서면, 'ㅁ'자형 건물 중앙에 펼쳐진 정원과 만나게 된다. 마치 보스턴에서 문 하나를 통과해 베니스로 여행을 간 것 같다. 습한 공기가 얼굴을 적시고, 물소리가 들린다. 핑크빛 벽면이 건물 주인이 여인이었음을 짐작하게 한다. 벽면의 결 사이사이가 천창으로부터 떨어지는 빛의 환한 결과 교차한다. 빛이 벽면에 쏟아지면서 깊이를 알 수 없는 푸근함이 느껴지고, 한파에 기진맥진한 사람의 몸과 마음을 녹여준다. 신선한 꽃냄새가 막혀 있던 코를 시원하게 뚫어준다.

 가드너가 이탈리아에서 어렵게 구한 기둥이 회랑과 창틀을 지탱한다. 돌 표면이 물기를 머금고 있어 윤기가 돈다. 정원에서 들리는 흐르는 물 소리와 기둥의 반들반들함이 겨울의 단단함을 부드럽게 한다. 돌집이 부드럽게 느껴지는 이유를 물에서 찾아야 하는지, 빛에서 찾아야 하는지, 아니면 푸르른 식물이 가득한 환경에서 찾아야 하는지, 아니면 그렇게 보기를 희망하는 내 의식 속에서 찾아야 하는지 질문이 던져진다.

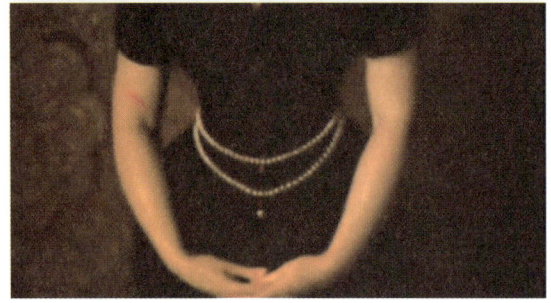

그림 6-13 위 두 사진은 존 싱거 사전트의 《엘 할레오》, 아래 두 사진은 같은 화가가 그린 이사벨라 가드너의 초상화다.

나는 이 미술관에 오면, 두 개의 그림 앞에 발이 멈춰진다. 하나는 존 싱거 사전트 John Singer Sargent가 그린 이사벨라 가드너의 초상화이고, 다른 하나는 같은 화가가 그린 《엘 할레오 El Jaleo》라는 그림이다. 두 작품은 가드너 미술관의 성격을 잘 보여준다. 사실주의에 입각하되 경계가 모호해지는 초상화와 역동성이 넘치는 화폭 안에 음악과 춤의 역동성이 읽히는 엘 할레오가 바로 그녀 자신이 추구한 예술이었을 것이다. 두 그림 모두 그녀의 유언대로 그녀가 원하는 위치에 놓여 있다. 회랑의 정중앙에 자리 잡은 《엘 할레오》는 스페인 춤의 절정의 순간을 포착한다. 춤추는 여자의 넘어지려는 자세와 치마를 꼭 잡은 손, 확 돌린 목과 오른손 검지의 긴장감을 통해 우리는 마지막 스텝이 바닥을 울리며 춤의 끝을 알리는 소리를 듣게 된다. 스페인 춤의 역동성을 화폭에 담고자 노력했던 사전트의 혼과 음악과 회화를 박물관에 공존시키고자 했던 이사벨라의 의지가 100년의 시간을 뚫고 전해진다.

《엘 할레오》를 볼 때마다, 나의 시선은

어김없이 한 사람에게 고정된다. 뒤에 앉아서 머리를 하늘을 향해 올리고 있는 남자다. 그림 정중앙에 있는 점으로 미루어 그의 공연에 도취된 모습이 정열적인 댄서의 마무리 동작만큼 중요했던 것 같다. 그림 속 탭댄서의 요란한 구두 소리가 음악을 따라 빠르게 흉부의 회전과 함께 가다가 마지막 힘을 가해 바닥을 찍으며 내는 소리와 하나가 되어 크게 들려오는 듯하다. 그 소리는 방문객들이 그녀의 미술관을 감상한 후 내뱉게 될 감탄의 소리와 닮았다.

그녀는 자신의 초상화를 넓은 방 코너에 두었다. 가장 구석진 이 방은 이 그림으로 빛난다. 집 주인의 자태를 보고자 모든 방문객들의 발걸음이 이곳에서 멈춘다. 사랑하는 세 남자―아들, 아버지, 그리고 남편―를 잃은 슬픔을 예술로 극복한 한 여인이 반듯이 서서 화면 밖을 쳐다본다. 깊이를 알 수 없는 눈의 초점과 그녀의 팔이 그리는 둥그스름함이 눈에 들어온다. 렘브란트의 화법이 사전트의 작품에서 읽힌다.

안마당에는 천창이 있다. 장식을 사랑했던 빅토리안 양식의 철제 프레임이 골조가 되어 유리를 붙잡고 있다. 예술품의 훼손이라는 이유로 전시관에서 회피하는 직사광선이 꽃으로 가득찬 이곳 안마당에서 환영을 받는다. 멀리서부터 온 빛이 물에 젖은 돌과 잎에 충돌한다. 물기가 있는 사물이라 빛이 반사된다. 이곳저곳에서 반짝반짝 물방울에 반사되는 빛들이 공간에 신비로움을 부추긴다. 반사되는 빛을 바라보면 건조했던 눈이 촉촉해지는 착각에 빠지게 하고, 더 나아가 메말랐던 골수가 다시 힘차게 흐르는 듯한 착각에 빠지게 한다. 몸이 연해지니 마음도 연해진다. 죽은 아들의 영혼이 실의에 빠져 어두울 수밖에 없던 이사벨라에게 심어져 예술로 다시 태어났다. 그리고 이제 그 예술은 시간을 넘어와 동일한 깊이의 실의에 빠진 사람들을 위로한다. 가드너 미술관은 작지만 수많은 보스턴의 박물관 중 백미로 꼽힌다. 그것은 가드너 미술관이 사랑하는 사람들을 보내고 혼자 남아 거대한 슬픔을 이기고 오랜 시간에 걸쳐 맺은 열매이기 때문이다.

렌조 피아노의 가드너 미술관 신관

렌조 피아노가 가드너 미술관 증축동 설계를 의뢰 받았을 때, 그는 가드너 미술관의 창립자 이사벨라 스튜어트 가드너의 정신에 놀라고, 그녀가 이룩한 작지만 영향력이 큰 기존 건축물에 놀랐다고 한다.

이탈리아 출신의 거장 피아노는 처음 가드너 미술관을 봤을 때 베니스의 건축 양식을 보스턴에 옮겨 심고자 했던 이사벨라의 뜻은 가상하지만 어딘지 모

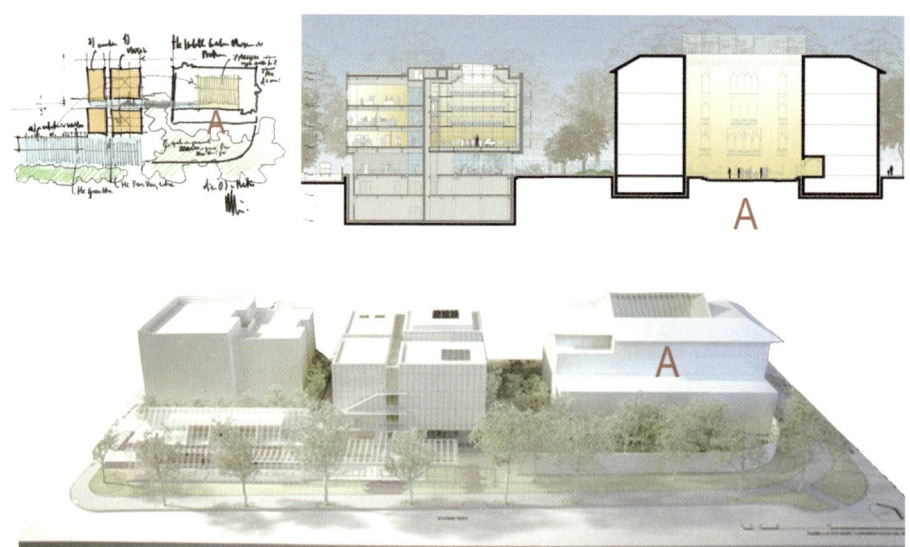

그림 6–14 A는 기존 가드너 미술관. 좌측 상단은 피아노의 스케치. 이를 보면 새롭게 들어서는 증축동은 네 개의 박스로 되어 있다(주황색 부분). 구관과 신관이 유리 복도로 연결된다. 우측 상단은 단면도로, 신관 일층은 전면이 유리로 된 로비다.

르게 모방품처럼 여겨졌다고 한다. 하지만 베니스풍이지만 어떤 면에서는 베니스 양식을 넘어서는 모습에 깜짝 놀랐다고 한다. 박물관 중정의 핑크빛 벽면과 천창으로 쏟아지는 태양빛이 만들어 내는 아우라는 아마도 예술을 사랑하는 사람이기에 이룩할 수 있었던 독보적인 경지였다. 평생 모은 소장품을 시민들에게 공개하려는 의지로 생을 마감했던 그녀의 모습은 마치 낙엽과 같았다. 소멸을 향해 떨어졌지만, 떨어지며 보여준 율동과 이를 만든 바람과 빛은 또 다른 창조였다. 그러하기에 개인의 수장고가 사람들의 사랑을 받아 공공의 박물관으로 커졌고, 이제는 증축을 위해 피아노가 초대되었다.

피아노의 계획은 모건 도서관에서와 같이 간단하면서도 영향력이 있었다. 기존의 구관과 15미터 정도 떨어진 곳에 신관을 세웠다. 덕분에 구관과 신관 사이에 새로운 사이 공간을 만들었다. 유리 로비로 되어 있는 일층 위로 네 개의 박스 안에 새로운 프로그램이 들어간다. 이미 행해지고 있는 음악회와 교육 프로그램을 수용하기에 구관이 좁으므로 신관에서 이를 수용할 예정이다.

신관의 유리 아케이드도 재미있다. 아티스트가 창작 활동을 하는 모습이 그대로 거리의 퍼포먼스로 드러나게 되었다. 렌조 피아노의 스케치를 보면 자연을 상징

그림 6-15 2011년 현재 가드너 미술관은 한참 시공 중이다. 맨위 사진은 2010년 여름 사진이고, 아래 두 사진은 2010년 가을 모습이다. 맨위 상단 사진을 보면 건물이 대지로부터 들려져 있고, 2층 아트리움 공간에서 밖을 바라다본 사진이 세 번째 사진이다. 벌써부터 피아노의 신기에 가까운 철과 유리 다루는 솜씨가 보인다.

171

하는 녹색 부분과 매개 공간인 푸른색의 유리 공간이 실제로 방이라 할 수 있는 주황색 공간보다 더 자세히 표현되어 있다. 가드너의 정신을 이어서, 피아노는 건물 안을 빛과 녹음으로 채우려 애쓰고 있다.

또한 구관에 있었던 정문 위치를 신관으로 바꾸었다. 거리에서 진입하면 제일 먼저 만나게 되는 부분은 신관 일층 유리 로비이고, 유리 아케이드를 지나 구관 안뜰로 이어진다. 피아노는 모건 도서관에서 찰스 맥킴의 방을 공간 흐름의 절정에 둔 것처럼 가드너 미술관의 절정을 구관 안뜰에 두었다.

헌팅턴 애비뉴와 예비 건축가들에게

보스턴 헌팅턴 애비뉴는 미술의 길이자 음악의 길이다. 펜웨이 공원과 만나며 보스턴 최고의 미술관과 가드너 미술관이 있다. 길을 따라 내려가다 보면 보스턴 명문 클래식 음악학교인 뉴잉글랜드 컨서버토리New England Conservatory가 나오고, 바로 옆으로 찰스 맥킴이 디자인한 보스턴 심포니 홀Boston Symphony Hall이 나온다. 심포니 홀을 끼고 좌회전을 해서 매사추세츠 애비뉴를 따라 올라가면 현대 음악학교로 유명한 버클리 음대가 나온다.

노먼 포스터의 MFA 증축과 렌조 피아노의 가드너 미술관 증축으로 이제 헌팅턴 애비뉴는 전 세계 건축 애호가들이 찾는 순례지가 되었다. 이곳을 방문한다면, 펜웨이 공원을 한 바퀴 돌아보고, 노스이스턴 대학 교정을 걸어보고, 보스턴 심포니 홀 옆으로 이어진 벽돌건물 동네를 둘러보라고 권하고 싶다. 그리고 저녁에는 심포니 홀에서 보스턴 심포니의 클래식 음악 감상을 추천한다. MFA에서 헌팅턴 애비뉴를 따라 가드너 미술관 방향으로 올라가면 왼쪽으로

그림 6-16 2009년 10월 가드너 미술관에 들어설 벽체의 모형이 세워졌다. 유리를 지지하고 있는 차양 시스템과 유리를 지지하는 철골 구조물이 피아노 건축의 장인성을 온전히 보여주고 있다. 피아노가 철과 유리에 쏟는 정성은 스위스 시계공이 명품 시계에 쏟는 정성에 버금간다.

그림 6-17 A는 펜웨이 파크, B는 헌팅턴 애비뉴, C는 가드너 미술관, D는 MFA, E는 뉴잉글랜드 컨서버토리, F는 보스턴 심포니 홀, 재미 한인 건축가 우규승의 노스이스턴 대학 건물(G)과 기숙사(H).

그 유명한 하버드 의대가 나오고, 부속병원들이 나온다.

MFA와 헌팅턴 애비뉴를 두고 마주보고 있는 건물들은 모두 노스이스턴 대학 교정 내에 있는 건물들이다. 노스이스턴 대학 교정은 보스턴의 실력 있는 건축가들의 작품으로 가득 차 있다. 최근 윌리엄 론William Rawn이 디자인한 기숙사가 주목을 받았는가 하면, 오피스 디에이Office dA의 실험적 채플이 있는 곳이기도 하다. 또한 미국에서 이름이 알려진 재미 건축가 우규승 선생님의 건물도 있다.

윌리엄 론과 우규승은 모두 보스턴 지역 건축가 중 최고로 알려졌다. 윌리엄 론은 하버드 법대를 나온 후 건축의 길에 오른 수재로, 보스턴 내에서 인맥이 좋은 것으로 정평이 났다. 또 다른 하버드 법대 출신의 건축가인 로버트 소몰Robert Somol과 함께, 논리적인 입심가로도 알려져 있다. 서울대 의대를 다니다 건축으로 전공을 바꾼 우규승은 보스턴 건축계에서 평판이 좋다. 올해로 73세인데, 그의 건축은 이제 미국에서 뜨기 시작했다.

우규승은 내게도 특별한 의미를 지닌다. 그는 88 서울올림픽 선수촌 국제 공모전에서 당당히 당선하며 한국 건축계에 이름을 날렸다. 선수촌 아파트에 잠깐 산 나는 그의 팬이 되었다. 올림픽 공원을 향해 있는 중앙 상가를 중심으로 방사형으로 펼쳐진 아파트 단지는 상가에서 멀어질수록 높이가 높아져, 다른 아파트 단지에서는 볼 수 없었던 아파트의 높낮이 입체감이 있었다. 또한 각 집을 연결하는 복도가 일종의 삼차원 길이 되어 고밀도 단지에서 볼 수 없는 골목길이 있었다.

나는 "건축은 도시와 같고, 도시는 건축과 같다"라는 그의 말을 믿게 됐다. 그 후 우규승은 화가 김창렬의 집을 짓고, 환기 미술관을 완성했다. 김창렬의 사저는 가보지 못했지만, 환기 미술관은 자주 방문했다. 동서양 건축을 완벽하게 소화해 낸 이 미술관은 우규승 건축의 핵심을 보여줬다. 몇 개의 건물 박스들이 크게는 부암동 산세에 따라 앉히고 작게는 대지의 경사를 이용하여 단차가 있는 길을 만들었다.

   미술관 중앙은 전통 건축의 'ㅁ'자형 마당을 지붕으로 하였는데, 그 중앙 우물은 아래 미술관의 전시공간 중앙에 빛을 주는 천창의 역할을 했고, 'ㅁ'자형 마당의 경계라 할 수 있는 회랑은 아래 미술관 중앙 전시공간을 감싸고 있는 계단에 간접광을 비추는 역할을 하고 있었다. 전시공간 단위체를 산세에 어울리게 비튼 점은 도시설계가로서의 우규승 건축의 핵심이고, 내부 전시공간과 동선에 필요한 빛을 주는 장치로 마당을 선택한 점은 조경설계가로서 우규승 건축의 핵심이다. 백남준 기념관 국제 공모전 2등안과 광주 국립 아시아 문화전당 국제 공모전의 당선안도 이 두 가지 핵심을 가지고 있다.

   아직도 보스턴에서 실무를 하고 있는 그는 가끔씩 가난한 유학생들을 집으로 초대해주셨다. 그분의 집을 방문하고 나는 미소가 나왔다. 올림픽 선수촌 아파트에서 경험한 그분의 공간 양식과 환기 미술관에서 가졌던 느낌이 강렬하게 전해졌기 때문이다. 그의 집에서 나는 그와 세 번째 만남을 가졌다. 처음에는 강연회였고, 두 번째는 MIT에서였다. 그와의 만남이 이뤄진 장소가 점차 가까워진 셈이다.

   법조인의 길과 의료인의 길을 포기하고 이들이 택한 건축의 길, 건축가라는 직업은 과연 어떠할까? 건축가는 오랜 수련 기간을 필요로 하는 직업이다. 예비 건축가들은 고학력에 10년간 건축설계를 했다 하더라도 턱없이 낮은 임금에 그 기간을 견디지 못하고 포기하고 만다. 내가 근무했던 건축사사무소의 동료 중에는 아내가 하버드 법대를 나온 친구들이 있었다. 월급으로는 두 배 이상 차이가 났는데도 불구하고 남편이 하는 일이 재미있어 보여 아내들은 변호사의 길을 그만두고 전업 작가가 되든지 아니면 자기가 좋아하는 일을 모색해 볼 수 있는 시간적 여유가 있는 대학교 법무지원팀에 들어갔다. 미국에서도 법조계에서 성공을 하려면 형법 전공을 해야 하고, 오랜 기간 판례 자료실에서 일주일에 80시간 이상 몇 년을 일해야 기회가 온다고 들었다.

그런가 하면 50세가 넘는 마취과 의사가 야간 건축대학을 다니면서 건축가로서 제2의 인생을 시작하고자 엘런즈와이그 건축사사무실에 왔다. 아마도 비슷한 이유로 윌리엄 론, 로버트 소몰, 우규승은 건축가로 전향했을 것이다.

건축가라는 직업은 연봉은 낮지만 매슬로의 행복 피라미드에서 꼭대기에 있는 자아실현의 요소로 가득 찼다. 건축이라는 직능의 첫 번째 패러독스다. 건축가는 나이를 먹어야 경륜이 있다고 하여 젊은 건축가를 배척하면서도 사회는 가장 젊은 디자인을 원한다. 건축이라는 직능의 두 번째 패러독스다. 거기다가 건축 디자인의 중요성은 함께 인식하면서 디자인에 대한 돈을 지불하기는 꺼린다. 건축이라는 직능의 세 번째 패러독스다. 어찌 보면 지극히 부정적인 패러독스이지만, 나는 이를 '긍정적 패러독스'로 보자고 주장한다. 언젠가는 우리 사회도 도시에서 디자인이 얼마나 위력적이고, 고부가가치 상품인지 알게 될 것이다. 나는 언젠가는 우리가 생산한 디자인이 세계의 중심에 서서 세계 건축 지형을 리드할 것이라 믿고 있다.

MIT
: 질서와 정돈의 미학, 최고 건축가들의 합작품

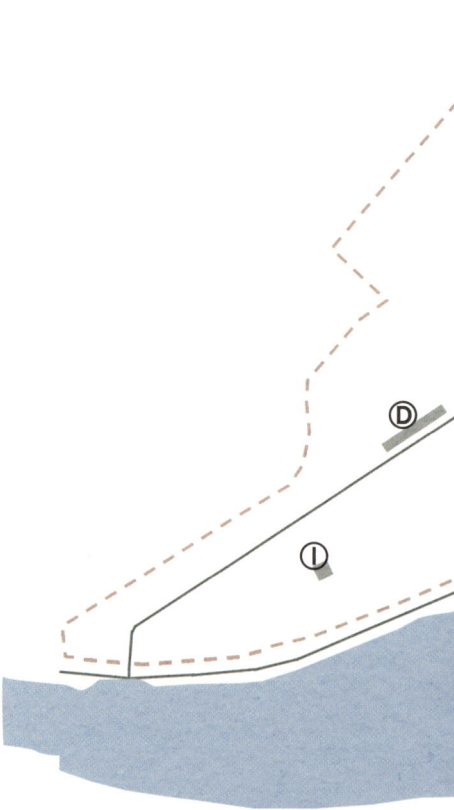

Ⓐ 킬리언 코트 Killian Court
Ⓑ MIT 채플 MIT Chapel
Ⓒ 베이커 하우스 Baker House
Ⓓ 시몬스 홀 Simmons Hall
Ⓔ 랠프 랜다우 빌딩 Ralph Landau Building
Ⓕ 스타타 센터 Stata Center
Ⓖ 미디어 랩 MIT Media Lab
Ⓗ MIT 건축대학 MIT School of Architecture
Ⓘ 웨스트 게이트(MIT 대학원 기숙사) Westgate

일곱 번째 이야기

그림 7-1 구글어스 1.7킬로미터 높이에서 내려다본 MIT 캠퍼스. A—킬리언 코트, B—MIT 채플, C—크레스지 오디토리움, D—시몬스 홀, E—스타타 센터, F—랜다우 빌딩, G—미디어랩, H—바사 스트리트, I—찰스 강(사진 위쪽이 북쪽임).

캠퍼스의 중심
— 킬리언 코트

하버드 대학교 관광 일번지가 하버드 야드라면 MIT 교정의 관광 중심지는 킬리언 코트다. MIT는 킬리언 코트의 중앙 돔이 있는 본부동을 중심으로 대칭으로 다른 건물들이 세워졌다. 학교의 주요 행사는 킬리언 코트에서 열리고 매년 졸업식도 여기서 거행된다.

하버드 야드와 MIT 킬리언 코트를 비교해 보면, 어렵지 않게 두 학교 캠퍼스의 건축적 특징을 알 수 있다. 항상 사람이 북적이는 하버드 야드와 대개 비어 있는 킬리언 코트는 두 캠퍼스의 지리적 특성을 이해하게 한다. 하버드 대학은 주변이 주택가인데 반해, MIT는 남쪽으로 찰스 강이 있고, 북쪽으로는 철도, 동쪽으로는 상업지구라 할 수 있는 켄달 스퀘어가 자리 잡고 있다. 보스턴에서 오래된 동네가 비콘 힐과 노스 엔드라면, 캠브리지의 오래된 동네가 하버드 대학 주변인 올드 캠브리지 지역이다. MIT가 위치한 캠브리지 포트 Cambridge Port라는 지역은 찰스 강 건너에 위치한 백 베이와 마찬가지로 약 100년 전에 새롭게 매립하고 간척한 땅이다.

그림 7-2 MIT 캠퍼스의 중앙광장인 킬리언 코트. 이곳에서 해마다 천 명의 학부생과 천 명의 대학원생의 졸업식이 거행된다.

하버드 야드와 비교하면 킬리언 코트에 사람은 없지만 신고전주의 양식이 전하는 건물의 규모는 보는 이를 압도할 만큼 크다. 하버드 야드가 의도적으로 구릉을 이용하고 나무를 활동적으로 심은 것과 대조되게 이곳은 평지에 나무마저 질서정연하게 배치되어 있어 다소 차갑게 느껴진다. 잔디광장 끝에는 찰스 강이 있고, 그 너머로 백 베이 벽돌 건축이 보이고, 그 위로 우뚝 솟은 존 핸콕 타워와 프루덴셜 타워가 보인다.

미국 캠퍼스 건축의 초석을 놓은 사람은 공교롭게도 미국의 3대 대통령이자 건축가였던 토머스 제퍼슨Thomas Jefferson이다. 이탈리아의 건축가 안드레아 팔라

그림 7-3 왼쪽 사진은 버지니아 대학, 오른쪽은 솔크 연구소이다. 버지니아 대학의 경우 중앙의 로툰다를 두고 열 개의 파빌리온이 점점 넓어지며 전원을 향해 열려 있다. 솔크 연구소는 열 개의 파빌리온이 태평양을 향해 열려 있다.

디오Andrea Palladio 건축에 빠져 있던 제퍼슨은 조화와 질서, 균형과 절제가 있는 르네상스 건축을 동경했다. 1820년 그에 의해 디자인 된 버지니아 대학은 거대한 잔디광장 중앙에 로마 판테온을 닮은 로툰다Rotunda를 두고 양 옆으로 다섯 개의 파빌리온이 도열되어 있다. (그림 7-3 참조)

미국에서 근무할 당시, 빌 테큐 할아버지는 종종 내게 미국에서 가장 아름다운 외부 공간이 두 곳 있는데, 하나는 토머스 제퍼슨이 디자인한 버지니아 대학이고, 다른 하나는 루이스 칸Louis Kahn이 디자인한 솔크 연구소Salk Institute라고 했다. 그 이야기를 들을 당시에 나는 두 곳을 다 가보지 못했기에 그저 듣고만 있었다.

두 광장은 가운데 중심축을 두고 양 옆으로 다섯 개의 파빌리온이 서 있다는 공통점을 갖고 있다. 제퍼슨의 파빌리온은 녹지를 향해 점점 간격이 넓어지게 배치하여 미켈란젤로의 로마 캄피돌리오 광장Piazza del Campidoglio같이 멀어질수록 넓어지는 시각보정형 투시효과를 일으켰다. 빌 테큐 할아버지는 내게 두 공간 모두 신비스러운 공간으로, 평생 본 광장 중 최고라고 말했다.

제퍼슨은 하나의 거대한 기념비적인 건축보다는 여러 개의 작은 건물들이 모

그림 7-4 LA에서 라호야까지 1시간 넘게 드라이브를 하며 펼쳐지는 태평양의 모습은 참으로 아름답고 장엄하다. 단지 동측 끝에서 물소리를 내며 한줄기의 물줄기가 시작된다.

인 집합적인 건축군을 선호했다. 중앙 돔이 있는 곳에 도서관을 배치하고 한쪽에는 기숙사 공간을, 다른 한쪽에는 교육 공간을 두었다. U자형으로 배치된 건물들은 초원을 향해 무한히 열려 있다. 그의 이상은 빽빽한 도시가 아니라 열린 초원에 있었다. 재직 당시 제퍼슨은 재무부 장관이자 뉴요커였던 알렉산더 해밀턴 Alexander Hamilton과 정책 수립 과정에서 자주 충돌했다.

버지니아 대학이 지어진 후 많은 대학 건축이 이러한 형식을 따르고자 했다. 보스턴에 있다가 20세기 초 찰스 강 건너 캠브리지로 이사 온 MIT는 여러 건축가의 제안 중 결국 건축가 윌리엄 보즈워스의 계획안을 선택했다. 그의 디자인 또한 중앙에 돔을 두고 U자형으로 뻗어나가다가 결국 찰스 강을 향해 열렸다. 예일 대학과 시카고 대학 등은 중세 고딕 양식에 모티브를 두고 있었고, 하버드 대학과 뉴잉글랜드 지역에 위치한 대학들은 대부분 붉은 벽돌로 검박하게 지어진 영국의 조지안 양식Georgian Style을 따르고 있었다. 이에 반해 MIT는 콜롬비아 대학과 마찬가지로 우람하고 덩치 있어 보이는 제퍼슨식 모델인 고전주의 양식으로 지었다.

 2009년 겨울 나는 처음으로 솔크 연구소에 가볼 기회가 생겼다. 이 광장은 내게 신학적으로 다가왔다. 끝으로 가면 갈수록 근경에 있는 녹지는 사라지고, 그 너머에 있는 태평양만 눈에 들어왔다. 진입할 때 보였던 나뭇가지들과 파빌리온의 우드 패널링도 모두 사라졌고, 파빌리온의 뒷모습인 밋밋한 콘크리트 벽과 광장 바닥만 보였다.

 광장 한가운데 있는 물줄기는 졸졸 흘러가고 물줄기가 끝나는 광장 끝단에서는 태평양이 펼쳐진다. 미미한 작은 물 한줄기가 세상에서 가장 큰 바다와 연결되는 모습, 목적성을 가지고 직선적으로 흐르는 모습이다. 일몰로 태양이 점점 바다 아래로 가라앉으면서 붉은 기운이 바다를 덮고 그 붉은 기운이 광장의 물줄기를 따라 내게 다가온다. 나는 루이스 칸이 말한 침묵과 빛이 세상 삼라만상이 지워진 상태에서 하나님과 나와의 관계만 남아 있는 상태임을 알게 되었고, 이곳에서 이를 건축적으로 체험하게 되었다.

보즈워스의 MIT 본부

      *그림 7-5는 킬리언 코트 안에 있는 중앙 건물의 내부 사진이다. 칼로 자른 듯 네모반듯한 돌로 기둥을 세우고, 그 사이에 굵은 쇠로 창의 큰 틀을 짜고, 얇은 쇠로 창의 작은 틀을 완성한다. 굵직한 기둥들은 무거운 돌지붕을 지탱하고 있고, 유리는 바깥의 공격적인 공기를 차단하는 투명한 막으로 작용한다. 유리를 넓고 높게 만들어 한 판으로 기둥 간격을 채우면, 유리의 두께는 두꺼워야 한다. 그러면, 창틀 두께도 두꺼워져야 하고

그림 7-5 MIT 중앙 건물에서 킬리언 코트를 바라본 사진.

전체적으로 둔탁한 모습이었을 것이다.

건축가는 고민한다. 유리 두께와 창틀 두께 사이의 팽팽한 긴장관계에서 가벼워 보이는 전략이 무엇일까 고민한다. 창틀 두께가 하나로 통일되었다면, 아마도 지금과 같은 경쾌한 느낌이 나지 않았을 것이다. 또 창의 경쾌함을 더해주는 것은 돌이다. 묵직해 보이는 돌기둥이 가라앉아서 창의 날렵함이 도드라진다. 경쾌해 보이는 창틀에 문틀이 간섭한다. 창과 문은 개별적 기능을 가지고 있으면서 이곳에서 통합적으로 만났다. 문틀은 건축 속의 건축이다. 기둥을 가지고 있고 지붕을 가지고 있다. 창틀과 다르게 문틀의 철은 두께가 있다. 무거워 보이는 돌기둥과 돌기둥 사이가 큰 문틀이었다면, 철문 틀은 인간 스케일의 작은 문틀이다. 큰 돌문 틀과 작은 철문 틀의 관계는 창이 이어준다.

창 너머에 다시 원형 기둥이 있다. 포르티코 Portico, 대형 건물 입구에 기둥을 받쳐 만든 현관 지붕라 불리는 이 건축적 장치는 일종의 전실이다. 방이되 방이 아닌 반 내부 공간이자 반 외부 공간인 이 전실은 문과 같은 역할을 하고 있다. 안과 밖이 전이되는 장소가 전실이고, 안과 밖이 전이되는 장치가 문이다. 이곳에 건축가의 세심함이 치열하다.

나는 MIT 캠퍼스에 도착했던 첫날을 아직도 잊지 못한다. 캠퍼스를 돌아다니다 보니 어느새 건축가 보즈워스에 의해 완성된 신고전주의 건축 양식의 거대함이 나에게 영향을 주고 있었다. 건축의 위용이 나의 보잘것없음을 더욱 드러내는 듯했다. 무한적 공간은 제한적 돌로는 도달할 수 없는 곳에 있다. 돌로 도달할 수 있는 최고의 거대함 앞에서 나는 돌로 도달할 수 없는 더 큰 거대함의 실재를 감지했다. 그것은 유학생활에서 위축된 마음을 애써 밝은 희망으로 바꿔보고자 하는 나의 결의와 포개졌다.

그림 7-6 사진 가운데 큰 돔이 있는 건물 앞 잔디 광장이 킬리언 코트다. 이곳에서 입학식과 졸업식이 거행된다. 킬리언 코트는 강변도로보다 높아서 녹지 안에 올라서는 순간 자동차 소음으로부터 완전히 차단된다.

돌이 자신의 물리적 속성을 뛰어넘어서려고 발버둥 칠 때, 자신의 한계와 첨예하게 대립하여 자신 너머의 세계를 지향하려 할 때, 그런 상태가 드러나는 상황 속에 있을 때, 나의 눈꺼풀은 종종 미세하게 떨린다. 돌이 도달하고자 하는 미지의 세계가 바로 내가 도달하고자 하는 미지의 세계임을 깨닫는다.

MIT 채플
— 그리스 바다를 담은 건물

*벽돌과 모르타르시멘트와 모래를 물로 반죽한 것는 남편과 아내 같은 관계다. 하나로는 불완전한 존재다. 다른 하나와 합쳐져야만 의미가 부여되고, 이 두 개를 함께 만나게 하는, 즉 벽돌 한 장 한 장을 쌓고 모르타르를 바르면 벽이라는 또 하나의 세계가 완성된다. 단순한 단위가 반복되어 거대하고 위대한 벽의 역사를 써내려 왔다. 집이 세워졌고 궁이 세워졌고 신

그림 7-7 에로 사리넨이 디자인한 MIT 채플의 하단부. 작은 원형 호수 위에 원통형 채플의 벽돌 외피가 땅과 접촉하고 있다. 벽돌 외피 안쪽에 콘크리트 외피가 있다. 벽돌 외피와 콘크리트 외피 사이로 수면에 반사된 햇빛이 내부로 들어간다.

전이 세워졌다. 산업화가 되어 건물이 고층화될 때도 벽돌은 계속 이곳저곳에서 널리 쓰이고 있다.

벽으로 쌓던 벽돌을 아치로 쌓기 시작한 시점은 전기가 처음 발명됐을 때처럼 획기적인 순간이었다. 땅과 완전히 닿아서 건물 무게를 땅에 온전히 전달해 주어야 했던 벽이 처음으로 땅에 닿지 않아도 되는 부분이 생긴 것이다. 벽돌 벽이 처음으로 인방출입구나 창 등의 개구부 위에 가로 놓여 벽을 지지하는 나무 또는 돌로 된 수평재의 도움 없이 창호를 위한 구멍을 자체적으로 뚫어낼 수 있는 일대의 사건이었다. 무거워 보였던 벽돌 벽은 아치로 인해 가벼워 보이기 시작했고, 직선으로 일관되던 벽에 곡선이 들어가기 시작했다.

아치의 매력에 매료된 벽돌공들은 거기에서 멈추지 않았다. 그들은 아치를 연장해 터널 같은 볼트를 만들기도 하고, 아치의 꼭짓점을 y축 방향으로 돌려 돔을 만들기도 했다. 그러자 네모반듯한 창에서는 예측 가능했던 빛이 돔의 천창에서는 예측 불가능해졌다. 빛이 쏟아지며 모아지기도 하고, 흩어지기도 하며 밝음과 어둠이 출렁였다.

그리스의 환상적인 하얀 섬 미코노스에 가기 위해서는 코르푸라는 섬에 들러야 한다. 젊은 건축가 에로 사리넨Eero Saarinen은 미코노스에 가려고 배를 탔다. 어쩌면 그는 당시 미국 최고의 건축가였던 루이스 칸의 불타는 미코노스섬 스케치를 보고 마음이 동했는지 모르겠다. 사리넨은 코르푸섬에서 밤을 맞이했는데, 흑진주로 변한 바닷가 위로 쏟아지는 달빛을 보게 되었다. 달빛은 파도와 함께 일렁였고 별빛은 물보라와 함께 쏟아졌다.

어떤 아름다움은 눈을 고정시키고, 어떤 아름다움은 발걸음을 멈추게 한다. 아주 가끔, 넋을 잃고 한참동안 바라보는 아름다움도 있다. 이때 소름이 돋기도 하고, 보기 전의 나와 보고 난 후의 나는 완전히 다른 사람이 된다. 이러한

그림 7-8 MIT 채플 내부. 파도치는 형상의 내부 벽돌. 벽면단상 중앙에 빛이 쏟아지고, 빛을 입자화하려는 노력이 드러난다.

체험은 앞으로 있을 내 삶과 인식, 특히 내가 만들어갈 공간과 행동의 나침반이 된다. 에로 사리넨에게 코르푸섬 앞바다가 그러했다. 사리넨은 20대에 느꼈던 강렬한 체험을 MIT 채플에 담고자 했다. 바티칸의 거대한 베드로 대성당과 같이 큰 건축물도 아닌 작은 채플에 그가 담고자 한 것은 달빛과 별빛이 쏟아지는 출렁이는 바다였다. 영원히 담을 수 없을 것 같은 크기의 사물을 한정된 크기의 건축에 담고자 하는 의지와 열정, 아마 거기에 건축의 본질과 건축가의 꿈이 있을 것이다.

   사리넨은 원형의 풀을 만들고, 그 위에 원통형의 채플을 세웠다. 물과 채플이 만나는 지점을 최소화하기 위해 원통형 채플의 바닥 부분을 아치로 만들었다. 봄이 오면 풀 위에 물이 있고, 그 위로 봄빛이 쏟아져 수면은 빛을 산란시킨다.

이 흔들리는 빛이 외벽 벽돌 아치와 콘크리트 내벽 사이를 비집고 들어간다. 춤추는 수면의 빛은 내부 유리 선반을 통과하여 안으로 들어온다. 채플 안은 이 빛의 움직임에 의해 묘하고도 신비한 기운으로 가득 찬다.

채플 내부로 들어가는 문은 단순한 나무문이다. 주황색의 문을 열고 들어서면, 유리 다리가 나온다. 양각으로 유리 표면을 처리하여 의도적으로 바깥 모습을 뿌옇게 만들었다. 간혹 유리에 색을 입힌 것도 있다. 다리를 지나 고개를 들면, 예배당 중심이 보인다. 중앙에 3단으로 이뤄진 원형단이 있고, 중앙에는 원형의 천창이 있다.

철사가 천창과 바닥에 고정되어 있고, 철사 사이사이에 조각가 해리 베르토이아 Harry Bertoia는 금색의 철판을 매달아 놓았다. 각도를 달리하며 매달려 있는 철판들이 소멸하려는 빛을 모아 다시 반사한다. 작지만 강렬한 빛 조각들이 일렁거린다. 각도를 달리하는 금판 사이로 빛은 이어가고 빗겨간다. 고운 머릿결 사이로 산란되는 빛 같기도 하고 망사를 통해 출렁이는 빛 같기도 하다.

베르토이아의 조각품은 중앙 단과 천창을 이어주고 있다. 신의 세계와 인간의 세계를 연결해주는 매개로서 고도의 상징성을 가진다. 그것은 하늘로부터 쏟아지는 은혜의 폭포수로 땅을 적신다. 외부 풀의 수면을

그림 7-9 사리넨의 크레스지 강당은 당시 최첨단의 외부 구조로 건축되었다. 밤새 과제를 마치고 새벽에 설계 스튜디오실을 나오면 크레스지 강당 지붕은 일출하는 태양을 받으며 오색을 발한다. 오른쪽 상단 사진에 보이는 내부가 입구로 들어가면 만나는 공간이다. 넓은 강당을 덮는 드넓은 지붕이 얼마나 작은 지점의 땅과 만나는지 단번에 보여준다. 그 집중성이 바라보는 사람조차 맑고 긴장되게 한다.

그림 7-10 에로 사리넨이 설계한 MIT 채플(A), 크레스지 강당(B), C는 알바 알토가 설계한 기숙사인 베이커 하우스, D는 찰스 강이다. 이 사진을 보면 알토의 기숙사가 찰스 강변쪽으로 다이나믹한 곡선을 유지하고 있는 걸 알 수 있다.

통해 올라오는 살랑거리는 빛의 물결과 하늘로부터 쏟아지는 빛의 조각들은 MIT 채플을 영적인 공간으로 만들어준다. 질료로 만든 작품이 사람의 영혼을 움직이게 한다는 사실이 놀랍다. 채플 내부 벽돌면은 파도같이 출렁인다.

사리넨의 채플 길 건너편에는 사리넨이 디자인한 MIT의 크레스지 강당이 있다. 반구형 뼈대Shell의 삼면을 칼로 자른 것 같은 형상의 지붕은 지붕 두께 대비 그 지붕이 덮고 있는 면적이 넓어 당시 상당한 기록을 세웠다. 음악과 소리를 담는 공간 지붕으로는 최적이었다. 사리넨의 시적인 채플과 구조 엔지니어링적인 강당의 건축, MIT 건축 교육이 추구하고자 하는 계보 중 하나이다.

알바 알토의 베이커 하우스
— 건축 휴머니즘을 부르짖다

*MIT 기숙사는 킬리언 코트의 서쪽으로 찰스 강을 따라 길게 이어져 있다. 그 끝에 '웨스트 게이트'라고 부르는 기혼자 기숙사가 있다. 나는 처음 보스턴에 갔을 때 2년을 이곳에서 보냈다. 이 기숙사에서 강의실 건물이 모여 있는 동쪽을 바라본 첫 인상은 아직도 생생하다. 첫 등교라 나름 긴장해 일찍 일어나 바라보게 된 창밖 풍경은 입이 절로 벌어지는 장관이었다. 아침 7시가 채 되지 않은 시간임에도 수많은 학생들이 기숙사에서 나와 강의실이 있는 동쪽으로 걸어가고 있었다. 어깨에는 커다란 배낭을 하나씩 짊어지고 씩씩하게 걸어가는 모습은 마치 행군을 하는 군인 같았다. 해가 뜨기 직전이라 아직 찬 기운이 가득한데, 학생들의 발걸음 또한 침묵과 긴장감으로 차가웠다.

MIT 학생들에게 주어지는 과제가 다른 학교에 비해 유난히 과한 것은 아니

그림 7-11 베이커 하우스 북측 계단실. 건물 벽면을 대각선으로 가로지르는 두 계단실은 꼭짓점인 입구에서 만난다. 계단실은 기숙사의 소통의 광장 역할을 한다.

다. 다만, 이를 '어느 수준까지 완벽하고 창의적으로 풀어낼 것인가' 고민하는 학생들의 태도가 다르다. 대부분의 학생들은 스스로 전공 분야에서 차세대 리더라는 인식이 강하고 삶에 대한 애착이 크다. 학기 중에는 거의 도서관에서 살고 기숙사로 돌아와 휴식을 취한다. 따라서 기숙사는 극도의 긴장감을 갖고 공부하는 학생들이 잠깐 쉬는 곳이다.

세계대전이 유럽에 끼친 영향은 지대했다. 폐허가 된 유럽을 떠나 많은 건축가들이 미국으로 향했다. 1946년 근대 건축의 4대 거장 중 한 명인 알바 알토Hugo Alvar Henrik Aalto도 핀란드를 떠나 MIT에서 교편을 잡았다. 그는 학생들의 긴장감을 이해하고 있었고, 기숙사 베이커 하우스Baker House의 대지에 대해서도 잘 알고 있었다.

1947년 완공된 이 기숙사는 최근 완공된 스티븐 홀Steven Holl의 시몬스 홀같이 그 시대를 대표하는 건축물이 되었고, 알토가 미국에서 지은 4개의 건축물 중 미디어의 관심을 가장 많이 받았다. 당시 사람들이 놀랐던 점은 흔한 재료인 벽돌을 사용하면서도 매우 근대적인 작품을 만든 점이었다.

건물 입구에서 경사지어 올라가는 스투코stucco, 벽돌이나 목조 건축물 벽면에 바르는 미장 재료, 건물의 방화성과 내구성을 높일 뿐만 아니라 건물의 외관을 아름답게 한다로 외벽이 마감된 계단은 알토가 꿈꿔온 '사회적 교류의 장'이었다. 모든 층을 관통하여 연결하는

그림 7-12 베이커 하우스의 찰스 강쪽 외관과 내부 공용공간인 식당. 찰스 강쪽 외관은 세워졌을 당시 건축계에 대단한 반향을 일으켰다. 지금도 베이커 하우스는 MIT 학부생들이 가장 선호하는 기숙사다. 찰스 강을 따라 가장 먼저 세워진 베이커 하우스는 이후에 지어진 수많은 다른 기숙사의 전형이 되었다.

광장처럼 펼쳐진 계단에서 학생들이 우연히 만날 수 있도록 했다. 벽으로 막혀진 방에 가두어 모든 층을 고립시키는 기존의 피난형 계단실과는 다른 혁신적인 방법이었다.

알토는 '유기적인 건축'을 한 것으로 유명한데, 베이커 하우스 또한 알토의 이런 건축관을 잘 반영하고 있다. 다른 기숙사에서 나온 학생들이 학교 쪽으로 걸어가면 경사진 두 개의 계단실을 보게 된다. 계단실 두 개의 꼭짓점 위치에 건물 입구가 있다. 베이커 하우스는 두 개의 얼굴을 가지고 있는데, 찰스 강 측인 남측과 테니스장 측인 북측은 서로 다르다. 파편화되어 있고, 직선적이고, 방향성이 있던 건물 북측이, 남측에 와서는 하나로 묶이고, 유선형의 건물이 된다. 학생들의 움직임이 많고 사용이 빈번한 북측은 화단, 건물 입구, 두 계단실 등 건축의 요소를 조각조각 나누었다. 강을 면한 남측에서 건물은 하나의 부드러운 선으로 통합되어 있다. 찰스 강의 아름다운 전경을 많은 학생들이 볼 수 있도록 설계했다.

그림 7-13 반세기가 지나도록 많은 사람들이 알바 알토를 좋아하는 이유는 그의 건축이 가지는 형태적 편안함과 손이 닿는 곳에서 느껴지는 따뜻함 때문이다. 사람이 앉는 테이블을 나무로 하고, 창틀이나 난간과 대문까지 나무로 만든다. 좌측 상단 사진을 자세히 보면, 테이블 옆 수직 창틀이 안쪽으로 둥글게 된 것이 보인다. 이처럼 기둥 하나에도 배려가 보인다. 오른쪽 사진에 있는 코너를 잡고 있는 유리 창틀과 유리의 만남도 예사롭지 않다. 르 코르뷔지에처럼 수사적이거나 이념적이진 않았지만 알토의 건축이 잊히지 않고 더욱 새로워지는 이유는 그의 침묵과 작은 부분에 대한 정성이 시간이 지날수록 빛을 발하기 때문이다.

그것은 건물 표면적을 더 넓게 만들어 더 많은 학생들이 찰스 강을 볼 수 있도록 섬세하게 정성을 쏟은 알토의 건축 정신이 이룩한 다이너미즘dynamism이다. MIT 캠퍼스를 따라 찰스 강을 산책하다 보면, 걸음을 멈추게 하는 지점이 몇 군데 있는데, 알토의 베이커 하우스도 이중 하나다. 학생들을 생각하는 그의 부드러운 손길이 유선형의 벽돌 면과 나무로 정성스럽게 짠 창틀에서도 읽혀진다.

베이커 하우스에 들어서면 시원한 로비와 공용 식당이 나온다. 알토 특유의 북유럽 나무 마감재가 눈에 띈다. 그가 디자인한 유명한 가구들도 여기저기 보인다. 빛이 적은 북유럽에서 빛을 모으려고 개발한 너무나 유명한 원형 천창도 보인다.

한쪽 구석에는 알토의 인도주의적 모더니즘을 반영이라도 하듯, 불을 지피는 데 사용하는 벽난로가 있다. 벽돌로 된 벽에 아궁이를 내고, 그 앞에 걸터앉을 수 있도록 만든 판석은 친밀감을 높일 수 있는 장소이자 겨울이 긴 보스턴에 안성맞춤이다. 또한 불에 의해 검붉게 그을린 벽면은 건축가 프랭크 로이드 라이트가 남긴 벽난로를 연상시키기도 한다.

베이커 하우스 내부는 공간이 유동적으로 스며든다. 사교적인 계단실과 로비 같은 공용 공간 말고도, 각층별로 공부할 수 있는 공간과 휴식 공간이 골고루 있다. 스티븐 홀이 기숙사 시몬스 홀을 디자인하면서 알토로부터 많은 영감을 받았다고 말한 부분이 바로 기능적으로 다분히 다공성Porosity이 높은 베이커 하우스를 두고 한 말이다.

시몬스 홀, 스티븐 홀 건축의 두 가지 키워드

어느 주말 오후 여느 때와 마찬가지로 배구 연습을 하러 운동장으로 간 나와 친구들은 이 건축물이 베일을 벗는 모습을 보았다. 지친 친구들은 음료수를 마시며 조심스럽게 내게 물었다.

"그러니까 지금 이 건물이 다 지어진 거지?"

"아마, 그럴 거야."

"근데 창들이 특이하네? 건물 중간 중간이 치즈처럼 구멍이 뚫렸고. 뭔가 아는 것처럼 보이려면 저 건물이 멋있다고 해야 하는 거지?"

난 고개를 끄덕이며 웃고서 친구들에게 스티븐 홀의 건축 아이디어를 설명해 주었다. MIT 캠퍼스는 북쪽으로 철길을 면하고 있어서, 캠브리지 중심 지역과는 단절되어 있었다. 바사 스트리트 Vasser Street 는 철길 때문에 항상 황량한

그림 7-14 스티븐 홀이 디자인한 시몬스 홀. 학부생을 위한 기숙사이다. 이 건축물은 단순히 건물이라기보다는 일종의 생각 모음집이다. MIT쪽과 그 너머의 커뮤니티를 연결하겠다는 의지가 처음 생각이었고, 두 번째 생각은 학생들이 생활함에 있어 소통할 수 있게 커뮤니티 방들과 계단실이 용암같이 건물을 관통하게 하는 것이었다. 마지막 생각은 가로를 따라서 적극적으로 건축이 대응할 수 있게 카페테리아나 편의공간, 소통의 광장을 주는 것이었다. 이렇게 좋은 생각 모음은 좋은 결과물을 낳는다.

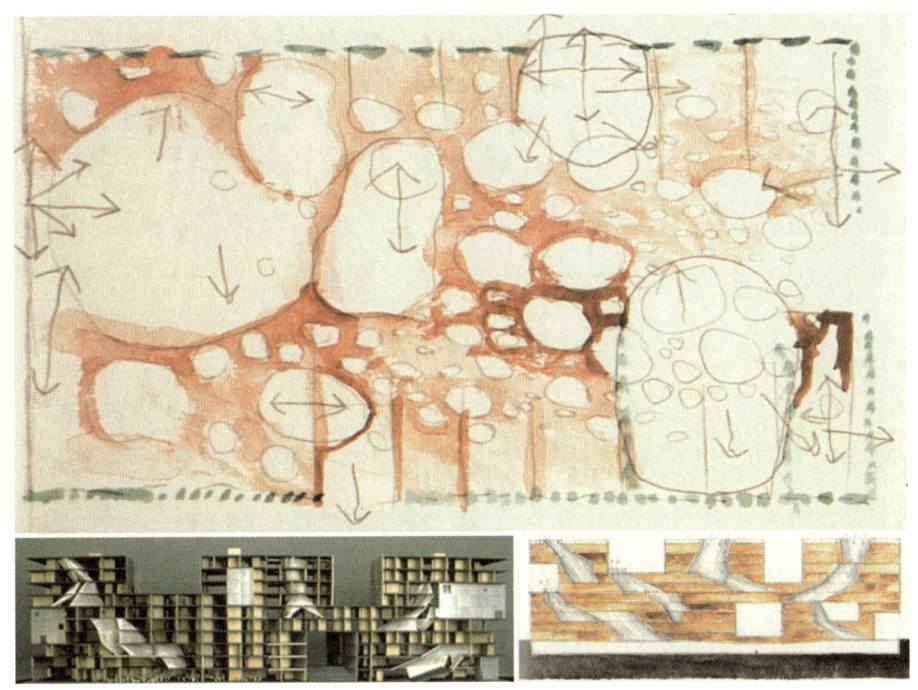

그림 7-15 상단 이미지는 스티븐 홀이 수채화로 그린 스폰지로, 다공성을 설명하고 있다. 좌측 하단 이미지는 모델이고 오른쪽 이미지는 스티븐 홀의 그림이다. 용광로와 같이 수직 동선체계가 건물의 직교체계를 녹이기를 바랐던 개념이다.

곳이었다. MIT에서 캠퍼스 북측 철길 바로 옆에 위치한 이 거리를 살려보고자 재능 있는 뉴욕의 건축가 스티븐 홀을 지목했다. 도로의 동쪽 끝은 프랭크 게리의 스타타 센터Stata Center, 서쪽 끝은 스티븐 홀의 시몬스 홀을 지을 계획이었다. 찰스 M. 베스트Charles M. Vest 총장과 윌리엄 미첼William Mitchell 건축학장은 두 명의 스타 건축가를 통해 바사 스트리트에 새로운 활기를 불어 넣고자 했다.

막힌 건축은 막힌 사람만큼 답답하다. 이쪽에서 저쪽을 막고 있어, 관계를 단절시키고 자폐적 동네를 만든다. 반대로 열린 건축을 세우면 막혔던 관계도 회복된다. 건물이 새로운 연결고리가 되어 새로운 커뮤니티 형성에 영향을 미친다. 홀은 소통의 목적으로 건물의 앞뒤, 위아래를 뚫었다.

시몬스 홀은 한마디로 '다공성'이라 정의된다. MIT 북측에 하나의 벽을 세우되 그 벽은 캠퍼스 너머 동네와 스며들 수 있도록 했다. 건물 중간에 삼차원적으로 떠 있는 광장을 만들었다. 실제 층수보다 더 높아 보이도록 각 방의 창문은 작은 정사각형 모양으로 세 줄씩 들어가도록 계획했다.

직교 체계의 수많은 정사각형 창이 전체적으로 너무 획일적으로 보일까 봐 스티븐 홀은 어떠한 형식으로든 이를 분절하고 싶어 했다. 처음에 방의 평수에 따라 다른 색을 넣어 방의 타입을 외부에서 색깔로 구분할 수 있도록 창문 색채 계획을 다르게 세웠다고 한다. 학생회는 계급 차이가 보인다고 즉시 반대했다. 스티븐 홀은 며칠 밤을 세워도 뾰족한 묘안이 떠오르지 않았다.

그러던 중 스티븐 홀은 구조협력사 기 놀딘슨Guy Nordenson을 방문했다가 그 직원 한 명이 유니트화된 외벽에 들어갈 철근 배근도를 본인이 업무하는 데 헷갈리지 않도록 배근도 유형별로 색깔을 칠해 놓은 도면을 우연히 보게 되었다. "이게 뭐죠?" 스티븐 홀은 물었다. "철근이 받는 인장 스트레스 크기별로 철근 배근량을 구분하는 다이어그램입니다"라고 직원은 대답했다. 탄성을 지르며 스티븐 홀은 배근도 구분 색깔들을 외피 색깔 디자인에 반영하기로 결정했고, 시몬스 홀의 격자 외피들은 그래서 구조적으로 의미가 있는 색을 부여받게 되었다.

외부의 정형화된 격자와는 다르게 내부에는 비정형의 콘크리트 벽들이 계획되었다. 스티븐 홀은 층별로 방을 나누어 수평적으로는 소통하지만 수직적으로는 소통이 없는 대다수의 기숙사 시설을 반대했다. 그래서 라운지가 되는 부분을 의도적으로 용암이 흘러내려가듯 콘크리트의 벽이 몇 개의 층을 위아래로 관통하도록 했다.

스티븐 홀과 관련한 유명한 일화가 있다. 워싱턴 대학을 졸업한 그는 건축

그림 7-16 시몬스 홀의 입구와 내부.

공부를 하러 로마로 떠났다. 불멸의 판테온 앞에 방을 잡은 그는 매일 판테온을 방문했다. 많은 관광객들이 미켈란젤로가 천사의 작품이라고 말한 이 건물을 보기 위해 세계 각지에서 몰려와 항상 북새통을 이루었다. 스티븐 홀은 매일 판테온을 방문했지만 그다지 큰 감동을 받지 못했다고 한다. 그러던 어느 날, 비가 오는 오후 그는 판테온을 또 방문했다. 비가 와서 이날은 관광객이 별로 없었다. 정문을 들어서자 여느 때와 같이 어두운 내부에 원형의 빛기둥이 떨어지고 있었다. 그는 중앙으로 걸어갔고, 가까이 갈수록 중앙에 빛만 떨어지는 것이 아니라 비도 떨어지고 있는 모습이 어렴풋이 보였다.

매일매일 스티븐 홀은 판테온을 통해 건축의 본질에 대해 생각했다. 그러나 지금까지 매일 방문한 판테온에서 그가 얻은 것은 건축역사서에 나오는 객관적 사실뿐이었다. 하지만, 이날은 달랐다. 스티븐 홀은 이날 거대한 돔 상부의 직경 9미터가 되는 천장 개구부 아래에 섰다. 서서히 쏟아지는 빛과 비가 그의 몸을 완전히 적셨고, 그는 마치 모세가 시내 산에서 떨기나무의 불꽃을 목도하고 신을 벗은 것과 같이, 자신의 신을 벗지 않을 수 없었다고 한다.

그것은 아마 퓨젯 사운드 Puget Sound라고 부르던, 한차례 비가 지나가고 나면 태평양과 시애틀에 있는 호수들이 두꺼운 구름 사이로 쏟아지는 빛기둥을 연출하는 고향에서 본 모습이었다. 시애틀의 젖은 빛기둥은 스티븐 홀 영혼의 고향이자 그의 유전자의 일부였다. 판테온 앞에서 그는 자신의 건축 화두를 천명할 수 있었다. 이 체험 이후에 그의 건축 화두는 아이디어와 현상 phenomena이었다. 그의 아이디어는 빛과 물을 조직하는 콘셉트였고, 그의 현상은 물과 빛이 함께 만드는 체험이었다.

스티븐 홀은 아침에 출근하기 전 사우나에 가는 습관이 있다. 사우나를 마치고서 매일 두 시간가량 수채화를 그린다. 그는 빛을 조직하고 물을 조직하며 자신의 건물을 만들어간다. 건축이면서 도시이고, 개념이면서 체험인 그의 건축은 물과 빛이라는 자연적인 요소를 마치 건축 재료를 다루듯이 세심하게 디자인한다.

MIT를 처음 방문한 스티븐 홀이 가장 감동을 받은 작품은 알바 알토의 베이커 하우스와 에로 사리넨의 채플이었다고 한다. 베이커 하우스 계단에서 이어지는 학생들의 소통에 매료되었고, 사리넨의 구조적 혁신과 빛의 체험에 매료되었다고 한다. 시몬스 홀은 두 건축물의 장점을 모두 아우르고 있고, 이 점에서 분명 그는 '알토-사리넨-홀'로 이어지는 MIT 캠퍼스 르네상스를 일으킨 장본인이라 부를 수 있다.

시몬스 홀은 첫눈에 대중에게 인기를 끄는 건축은 아니다. 쉬운 길을 택할 수도 있었지만 스티븐 홀은 기성품을 거부하는 건축가다. 그는 다르게 생각하려 애썼고, 이를 사물을 통해 조직하고, 공간을 통해 이뤘다.

스타타 센터
— 창의와 혁신, MIT 교육 이념을 표상화하다

*과거 건축학과 학생들은 대개 검은색 도면통과 T자를 메고 학교를 활보했다. 자로 재고 삼각자로 그리는 선 대부분은 직각이었다. 평면도 직각이었고, 건물의 얼굴도 직각이었다. 자재를 생산하고 공사의 표준화를 위해서 직각은 언제나 좋은 친구였다. 건설 현장에서는 아직도 '하리를 맞춘다'라는 말이 있는데, 이는 직각을 맞춘다는 뜻으로 여전히 통용된다. 먹줄을 치고 골조를 올릴 때 각이 잘 나와야 나머지 외장공사와 마감공사는 자동으로 맞물리며 어렵지 않게 공사를 마무리할 수 있다. 벽돌을 직각으로 만들고, 돌을 네모나게 자른 데는 만듦의 편리성이라는 큰 이유가 있다. 네모

그림 7-17 스타타 센터는 MIT 캠퍼스 동측에 위치한 켄달 스퀘어에서 진입할 때 입구 역할을 하는 동시에 바사 스트리트 활성화를 목표로 하는 도시적인 건축이다.

난 창문과 네모난 건물의 얼굴을 가로와 세로의 어떤 비율로 만들어가야 하는가 같은 문제와 이에 대한 답은 서양건축사를 관통했던 비례론이었다. 현장에서 통상적으로 받아들이는 습관이 제도화되고 이론화되면서 권위로 자리를 잡아갔다. 고금을 막론하고 건축에 입문하는 젊은이들에게 표준화는 커다란 족쇄였다. 튀어보고자 원을 그리고, 예각으로 그리면, 여지없이 기성세대로부터 혹독한 비판을 받았다.

알베르티Alberti와 팔라디오로 대표되는 르네상스 건축가들은 '땅의 질서에 하늘의 질서를 부여한다'라는 멋진 말을 만들었다. 별의 질서체계를 숫자화하여 자연의 숨은 비례를 이해하고, 자연의 일부인 인간이 건강하려면 이에 순응해야 함을 설파했다. 로마 황제에 의해 위촉된 건축가 비트루비우스Vitruvius의 『건축십서』의 재발견은, 건축은 생각이 담긴 직업이고, 역사적인 권위가 있으며, 건축가의 파워가 건물을 짓는 것 이상으로 생각을 짓는 것임을 널리 알렸다.

알베르티의 필력은 그의 건축술을 능가했지만, 팔라디오의 건축술은 그의 필력을 능가했기에, 이후에 대다수의 건축가들은 팔라디오의 모델을 따르게 되었다. 그들은 자신의 건축관을 글을 통해 정리해야 했고, 그다음에 건축물을 통해 세상에 구체적으로 선보여야 했다. 여론을 선도하는 학계, 비평계는 정리된 생각이 없는 건축가는 언급조차 하지 않았다. 새로운 시대의 대두는 새로운 기술을 사회에 공급했고, 새로운 생각을 파생시켰고, 건축가들은 이에 발맞추어 자신의 생각을 고객에게 어필할 수 있게 조직했다. 그 와중에 어떤 생각들은 동료 건축가와 사람들에게 사랑을 받아 하나의 양식으로 자리매김하기도 했다. 새로운 건축 화두는 때로는 그룹에 의해, 때로는 뛰어난 천재 한 명에 의해 진행되어 왔고 아카데미와 제도권 조직은 철저하게 새로운 권위로서의 인정 여부를 결정하는 기관으로 급부상했다. 이들의 심판은 언제나 임의의 선이

그림 7-18 프랭크 게리의 전시는 언제나 다른 건축가들에게 도전의식을 심어준다. 직각이라는 상식이 지배하는 사회에서 건축이 꼭 그렇지 않을 수도 있다는 일종의 메니페스토다. 그는 어려서 가지고 놀던 물고기와 같은 유기적인 모습의 건축물을 만들기 위해 평생을 싸웠다. 빌바오에서의 결과에 세계가 갈채를 보낸 것은 오랜 기간 고독하게 싸운 게리의 예술가적 집념 때문이다. 작고한 건축가 필립 존슨이 직접 보고 감동받아 눈물을 흘린 건축물이 두 개가 있는데, 하나는 샤르트르 대성당이고 다른 하나는 게리의 구겐하임 빌바오 미술관이었다고 한다.

나 정형화되지 않은 형태에 회의적이었다.

몇몇 개인에 의해 지어진 조개 모양의 건축은 빛날 수 있지만, 도처에 너나없이 소라 모양 건축물을 짓는 것은 무자비한 건축 그리드와 대항하는 행위였다. 하루에도 서로 다른 생각을 가진 수많은 사람들이 오가는 인천공항의 동선체계는 미로 같아서는 안 되며 단순해야 한다는 생각은, 수천 년이 지났음에도 권위로 군림하는 잔인한 직각 그리드의 존재 이유이기도 하다.

프랭크 게리의 미끄러지는 물고기 같은 구겐하임 빌바오 미술관은 미디어의 스포트라이트를 받았다. 죽어가는 스페인 변방 도시를 일약 스타도시로 만든 것은 직선에 대한 곡선의 이념적 승리였고, 표준화를 극복한 비표준화의 대량 생산을 가능하게 한 디지털 테크놀로지의 승리였다. 게리의 건물은, 벽돌 한 장까지 모두 규격화되어야 시공의 경제성이 확보된다는 생각은 사실 그 시대의 기술이 갖는 한계일 수 있다는 점을 역설했다. 앞으로는 원단 크기만 같다면, 레이저가 잘라내는 건축자재가 꼭 동일한 크기로 제작되어야 최소의 비용이 드는 것은 아닐 것이다.

건축가 프랭크 게리에게 MIT 스타타 센터를 발주하기로 결정하자 여론은 들끓었다. 길게는 100년을 내다봐야 하는 학교 건축물을 유행에 편승해야 하냐는 비판파와 비정형의 형태와 이를 완성시키는 최첨단 기술은 MIT 정신과 맥을 같이한다고 긍정하는 수긍파로 나눠졌다. 스타타 센터는 지어지기 전부터 각종 미디어는 물론 건축학과 학생들 사이에서도 논란의 대상이었다.

바이오텍 지역으로 급부상하는 켄달 스퀘어에서 MIT 캠퍼스의 대문 같은 곳에 스타타 센터가 세워졌다. 건축계에서 새로운 언어를 디지털 기술로 쓴 작가의 작품을 의식했는지, 언어학의 대부인 촘스키와 컴퓨터 공학의 대부인 론 리베스트 교수실이 이곳에 있다. 스타타 센터는 개관 후 겨울이 지나자 물이 새기 시작했다. 비정형의 형태가 비껴가며 만들어내는 꺼진 부분을 유리지붕으로 처리했는데, 여기에서 빗물이 새기 시작했다. 《보스턴 글로브》는 이 문제를 특집 보도했고,

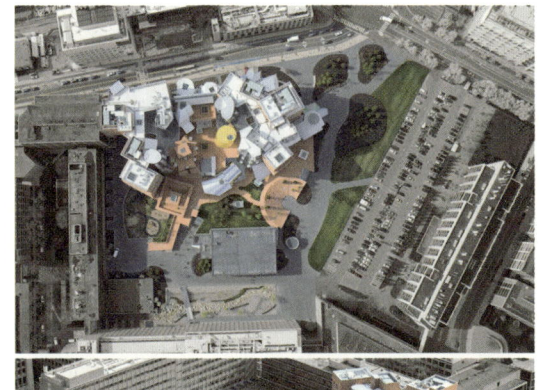

그림 7-19 프랭크 게리의 스타타 센터. 이 건축물은 단절된 캠퍼스 북부를 활성화하도록 만들었다. MIT의 새로운 대문으로 둘로 쪼개진 도시와 캠퍼스를 이어주는 역할을 한다.

MIT 경영대학원을 나온 지인 한 명은 내게 스타타 센터는 유명한 건축가가 디자인했는데 비가 새는 게 말이 되냐고 물었다.

일상적인 생활을 하는 공간인 건축물은 당연히 비가 새면 안 된다. 그러나 건축이 개척 정신을 가지고 정체된 사회와 시대를 끌고 가야 하는 입장에 놓일 때는 얘기가 조금 달라진다. 여기에는 일상을 뛰어넘는 '초월 정신'이 있어야 한다. 건축가의 일생을 모두 건 집념이 빚어낸 말년의 작품은 때로는 무시무시한 힘으로 얼어붙은 지평을 쪼갠다. 이런 건축가를 가리켜 우리는 거장이라는 칭호를 붙여주고, 그의 작품을 걸작이라고 한다.

사실 명작에 비가 새냐 안 새느냐는 중요하지 않다. 만약 비가 샌다면, 이 부분을 수리하고 보완하면 된다. 도전과 응전 속에서 한 시대를 여는 패러다임은 완성되어 간다. MIT는 기성의 완성된 아름다움보다 '새로운 미완의 아름다움'을 선택했다. 통념이 낳는 익숙한 정제미보다 도전정신이 낳는 투박한 창조미를 택한 것이다.

프랭크 게리의 디스코에 맞선 찰스 코레아의 탱고

*찰스 코레아Charles Corea는 MIT 건축학과를 졸업한 인도 출신 건축가다. 그는 인도와 미국에서 왕성히 활동하는 건축가이자

그림 7-20 찰스 코레아와 구디 클랜시 사무소에서 디자인한 MIT의 뇌 인지 과학 센터의 외관과 내부. 외관 사진을 보면 아래로 철도가 지나고 있다. 내부 아트리움은 5층 높이다.

MIT 건축학과 교수이기도 하다. 찰스 코레아의 건물은 프랭크 게리의 건물 길 건너편에 있다. 게리의 건축이 뒤틀려 있다면, 코레아의 건축은 검박하다. 음악으로 비유하자면, 게리의 건물은 로큰롤이고, 코레아의 건축은 클래식이다. 두 건축물이 세워지자 보스턴 건축계의 반응은 뜨거웠다. MIT와 켄달 스퀘어를 연결하는 중요한 지점이고, 앞으로 이곳에서 바이오테크놀로지를 리드하겠다는 MIT 의지의 표상이기도 한 두 건물은 짝지어 비교됐다. '음과 양' 혹은 '디스코와 탱고'라고 비유하는 사람도 있었다.

나는 찰스 코레아의 수업을 두 번 정도 청강했고, 공개 강연회를 들은 적도 있다. 그때 받은 인상은 두 가지였다. 하나는 그가 도시 건축을 추구한다는 사실이었고, 다른 하나는 만다라같이 상징성이 강한 기호를 가지고 배치도를 푼다는 사실이었다. 미국에서 학업을 마친 그는 당시 많은 유학생과 마찬가지로 본국에 돌아가 지역성과 세계성을 동시에 품은 건축물을 많이 지었다.

그의 개인적인 디자인 성향은 모더니즘 전통을 따르고 있다. 네오 코르뷔지안 Neo-Corbusian 계열의 내부 공간 처리방식으로 공간을 동선체계에 의해 다이내믹하게 구성하고 있고, 볼륨감 있게 처리

그림 7-21 프랭크 게리의 스타타 센터가 있는 바사 스트리트 건너편에서 바라본 연구소 입구는 조용한 유리 박스가 도시적으로 어떻게 대응할 수 있는지 보여준다. 조명의 변화에 따른 야경의 모습은 이곳을 지난 10년간 보스턴에 세워진 가장 아름다운 건축 10선에 들게 했다.

했다.

일반인에게는 프랭크 게리의 건축이 더 관심거리였지만, 건축가 사이에서는 찰스 코레아의 건축 또한 큰 관심을 일으켰다. 철도 위에 세워진 이 건축물이 연구센터라는 사실을 감안하면, 이는 실로 대단한 엔지니어링 성과를 이룩했다. 진동에 예민한 실험기기로 가득한 연구소를 철도를 가로질러 세우겠다는 발상은 참으로 놀랍다.

철도에 의해 두 동강이 난 도시를 건축을 통해 이어보겠다는 대담한 아이디어 또한 빛났다. 그런 학교의 의지를 존중해 찰스 코레아와 구디 클랜시 사무소는 건물 볼륨을 조심스럽게 조율하고, 동선을 잘 엮어 활력이 넘치는 길모퉁이를 창출했다.

내부로 들어가면, 건물 상당 부분이 철도 위에 떠 있는 탓에 계단을 올라가야 중심층 로비에 도달하게 된다. 처음 방문했을 때 코레아의 미니멀한 디테일이 내 마음을 흔들기 시작했다. 눈 덮인 산봉우리에 올라왔을 때의 느낌처럼 주변이 온통 흰색이었다. 내가 서 있는 땅과 하늘이 하나로 이어지며, 수직적이면서도 통일된 연결이 이루어져 있었다. 계단을 올라와 만나는 플랫폼 주변으로 창이 없었기에 가능했다. 오로지 하늘만 열려 있을 때, 건축은 상승 작용을 일으킨다. 이것은 인간이 지상에서 하늘까지 영혼을 확장할 수 있다는 느낌을 갖게 한다.

나는 이곳에서 오랫동안 하늘을 바라보았다. 구름 위를 뛰놀다 돌아온 내 상상력이 원래대로 돌아오고 나서야, 나는 시야를 수평적으로 확장했다. 비로소 동선에 의해 내부가 발코니로 간섭되고 있다는 사실이 보였다. 몇 계단 올라가 창문을 통해 철도를 보았다. MIT를 보스턴 코플리 스퀘어에서 이곳으로 옮기게 한 장본인이었던 철도를 한참 동안 바라보며 나는 흥분된 마음을 진정시켰다.

그림 7-22 I.M. 페이가 설계한 랠프 랜다우Ralph Landau 빌딩. 이 코너에 서는 순간, 페이를 아는 건축가라면 그의 삼각형 모티브에 대한 집념과 천착을 이해하게 된다. 그것은 하늘과 땅 사이에 인간이 세운 칼끝이다.

그림 7-23 창을 붙잡아주는 창틀이 없고, 하인방은 얇은 콘크리트 부재를 삽입한 것 같은 날렵함이 있다. 창밖의 수직 부재는 한쪽으로만 경사져 있다.

보스턴 백색시대 건축의 주역, I.M. 페이

*MIT 건축과에서 학부를 마치고, 대학원을 하버드에서 마친 페이는 건축계의 대표적인 '아메리칸 드림'의 상징이었다. 모더니즘들이 새로운 사조의 창시자로 이전 시대의 관행에 반기를 들며 어려움을 헤쳐 나갔다면, 모더니즘 2세대인 그는 세계 각지에 이를 전하기 바빴다. 부와 명성을 얻으며 단순하면서도 혁신적인 미니멀한 건축을 심어갔다. 페이는 미국에서 이민 1세대로 동양인이라는 약점을 극복하고 최고의 건축가가 되기까지 끊임없이 변하고 도전했다. 보스턴에서 그는 디자인 세계를 완성했다. 졸업 후에는 뉴욕으로 자리를 옮겨 실무에 종사했지만, 그의 정신적 고향은 언제나 보스턴이었다.

페이는 당대의 도널드 트럼프Donald Trump, 부동산 재벌 격인 개발업자 윌리엄 제켄도르프William Zeckendorf 밑에서 비즈니스를 배우고 대규모 사업 진행 방법을 익히는가 하면, 독립 후에는 인맥을 보장해 줄 와스프WASP, White Anglo-Saxon Protestant, 백인으로 앵글로 색슨계의 신교도인 사람을 가리키는 말로 미국 지배 엘리트 계층을 비공식적으로 지칭한다. 일반적으로 가톨릭, 유대인, 흑인, 히스패닉, 아시아인은 배제된다 출신의 헨리 코브Henry Cobb 돈줄을 끌어올 수 있는 유대인 제임스 프리드James Freed와 사무소를 함께 열 만큼 사업 수완이 뛰어났다. 늦깎이였지만, 그의 재능과 수완은 금세 그를 유명인으로 만들었다. 재클린 케네디 여사의 절대적인 지지로 케네디 도서관을 수주하는가 하면, 프랑스 미테랑 대통령의 절대적인 신임으로 루브르 박물관 증축 프로젝트를 따내기도 했다. 페이는 과거 이집트의 파라오에 해당하는, 이 시대 최고의 후원자로부터 부름을 받은 건축계의 슈퍼스타였다.

MIT에도 페이의 건축물이 있다. 모두 콘크리트로 지어졌는데 단순하고 검박하며 진지하기까지 하다. 그의 상징이라 할 수 있는 예각이 건물의 한 모서리를 구성한다. 언뜻 보면 이유를 알 수 없는 삼각형이지만, 옆에서 꺾어지는 에임스 스트리트Ames Street를 보면 쉽게 이해가 간다. 꺾어지기 전과 꺾어진 후에 각각 직각이 되도록 삼각형의 두 선들이 나왔다.

깊게 후퇴한 창들이 인상적이다. (그림 7-23) 가까이서 보니 창틀이 없다. 유리를 틀 없이 콘크리트 사이에 실리콘만 삽입하고 바로 박았다. 창에 대해 직각이라고 생각했던 콘크리트 수직재들을 자세히 보았다. 한 면은 창에 직각을 이루지만 다른 한 면은 창에 둔각을 이루고 있었다. 건물 예각 모서리를 창틀 모서리가 닮고 있었다. 열 수 없는 창이라는 점에서 이 창은 환기의 기능은 상실한 조망의 창이다. 알루미늄으로 만들어졌을 창틀 사용은 배제했다. 콘크리트와 유리의 직접적인 만남은 보기에는 쉬워 보이나 사실 몇 배 더 신경을 써야 한다. 디테일 속에서 미니멀리즘에 천착해 있는 페이를 확인할 수 있다. 건축가의 눈으로 보면, 어떤 순서로 시공했는지 의문이 든다. 또한 단열재는 어디에 숨긴 건지 궁금하다.

창의 상인방과 하인방 처리도 다르다. 멀리서 보니 하인방에 소개된 한 줄의 얇은 콘크리트로 인해 전체적으로 멀리서 보면 창이 매우 가벼워 보인다. 건물 덩치와 콘크리트라는 물성으로 인해 둔중하게 느껴져야 하는 건물이 하인방의 간단한 디테일로 가벼워 보이고 세련되어 보인다. 자연광이 떨어지며 만들어 내는 창 윗부분의 강한 그림자는 푹 파인 서양인의 눈을 보는 듯하다. 밤이 되면 물성의 극치라 할 수 있는 콘크리트 덩어리는 어둠 속으로 사라지고, 창의 투명함과 인공조명의 밝음을 통해 내부 전경을 밖으로 쏟아낸다.

벽돌 건축으로 가득찬 보스턴에도 콘크리트 백색시대가 열린 적이 있었다.

스코틀랜드 출신의 건축가 마이클 맥키넬의 콘크리트 박스형 건축물이 보스턴 시청사 국제공모전에 당선되는 걸 시작으로 보스턴과 캠브리지의 주요 공공 프로젝트가 콘크리트로 지어졌다. 보스턴 건축사 협회에서는 매해 보스턴에 가장 잘 디자인된 건축물에 영예의 파커 메달을 수여하는데, 1964년부터 1976년까지 12개의 메달 중 11개의 메달이 콘크리트 건축물에 부여된 사실은 유명하다.

미국의 유일한 르 코르뷔지에 작품인 하버드 대학 카펜터 센터Carpenter Center, 마이클 맥키넬의 보스턴 시청사, I.M. 페이의 크리스천 사이언스 센터, 전 예일대 건축대 학장 폴 루돌프Paul Rudolph의 주정부 청사들이 모두 파커 메달을 받았고, 하버드 대학에서는 전 하버드 건축대 학장 호세 루이스 세르트Josep Lluis Sert의 건축물, MIT에서는 페이의 건축물이 파커 메달을 받았다.

백색시대는 다른 표현으로 영웅의 시대Heroic Period라는 표현을 쓰기도 한다. 건축물의 크기가 웅장했고, 철골이나 목조구조를 갖추고 벽돌이나 목재로 마감하기보다는 건물 안팎에서 하나로 읽혀지는 순수함을 찾는 시대였다. 영웅의 시대는 그 나름의 논리를 갖고 있었다. 세계대전 이후, 급속히 표준화되어가던 건축 양식이 결국 도시의 정체성을 잃게 만든 데 대한 반성의 기운으로 도시 내에 새로운 아이덴티티, 잃어버린 기억과 장소성을 되찾게 한다는 의식과 기운이 고개를 든 시점이었다. 기념비적인 건축의 구축으로 도시의 랜드마크를 새로 세우자고 생각했다. 또한 철학적으로는 분명한 위계와 구조의 순수성, 진실성을 강조한 구조주의 득세가 이를 부추겼다. 그 결과, 덩치가 크고 내외가 일관성 있는 콘크리트 백색시대가 열리게 되었다. 발터 그로피우스와 호세 루이스 세르트가 연이어 하버드 건축대학 학장을 한 점도 한 몫 했다.

한강변을 따라 늘어선 아파트를 보고 반복되는 콘크리트 박스의 연속이라고 비아냥거리는 건축가들이 많다. 그것은 골조 디테일의 부재이지, 콘크리트 자체의 문제는 아니다. 만약 콘크리트로 매스를 다듬고, 그 사이사이를 가벼운 나무로 처리한다면 콘크리트 아파트도 하나의 덩어리로 인식되지 않고 훨씬 가벼워 보일 수 있다. 가급적 무거워 보이지 않도록 저층부를 띄워서 계획하고, 창문 주위 디테일을 세심하게 디자인해, 콘크리트이되 콘크리트의 덩어리적인 느낌을 지워나갈 필요가 있다.

마키 후미히코의 MIT 미디어랩과 일본 건축의 장인성

*일본을 빛낸 건축가 중 프리츠커 상을 수상한 세계적인 건축가는 단게 겐조, 마키 후미히코, 안도 다다오, 그리고 카주오 세이지마와 니시지와 류가 있다. 학생 시절 나는 마키 후미히코를 만날 기회가 있었다. MIT에서 스튜디오 수업의 잰 웸플러Jan Wampler 교수와 슌 칸다 교수가 마키 후미히코와 개인적인 친분이 있었기 때문에 보스턴과 도쿄에서 그를 만날 기회가 있었다.

웸플러 교수의 건축 설계 스튜디오 수업은 내가 MIT에 가서 처음으로 택한 스튜디오 수업이었다. 어느 날 웸플러 교수는 마키 후미히코를 초청했다. 당시 마키 후미히코는 일흔을 넘겼지만, 깔끔한 정장에 뚜렷하고 서구적인 이목구비가 인상적이었다.

그는 빈틈없어 보이는 제스처와 짧지만 명확하고 논리적인 언어를 구사했다. 건축은 무엇이며 건축 설계는 어떻게 하는 것이 좋은지 얘기해 주셨다. 건축계의 노벨상이라 불리는 프리츠커 상을 수상한 건축가를 이렇게 가까이 만

그림 7-24 위 사진은 힐사이드 웨스트, 아래 사진은 2010년 MIT의 미디어랩 신축 건물이다.

그림 7-25 마키의 건물은 다분히 일본적이다. 사진과 같이 유리벽 너머 길게 처마를 뽑아 풍경의 틀을 조직하고, 아름다운 보스턴의 스카이라인과 찰스 강을 건물 내부 제3의 벽면으로 빌린다. 다양한 경치는 깊이 있는 방을 구성하는 데 많은 도움이 된다.

나 대화하는 것은 처음이었으므로 나는 경청하고 있었다. 질의응답 시간, 그의 정교한 디테일을 기억하고 있던 나는 주저 없이 "건축가는 재료와 디테일에 어떻게 접근해야 하나요?"라고 질문했다.

그는 고개를 숙이고 잠깐 생각에 빠진 후 이렇게 대답했다. "재료와 디테일은 건축가가 조직하는 공간과 밀접한 관련이 있습니다. 그것은 건축가가 선정한 인공적, 자연적 대지의 큰 틀과 프로그램이 밀접한 관계를 맺으며 조직된 공간의 체계 속에서 정의되고 개발되어야 한다고 생각합니다." 잠시 멈췄다가 그는 다시 이어갔다. "재료를 있는 그대로 사용하는 사람과 재료에 색을 칠하는 사람은 매우 다르죠. 르 코르뷔지에는 자신의 콘크리트 위에 색을 칠했지만 루이스 칸은 자신의 콘크리트 위에 색을 칠하지 않았지요. 미스Mies도 칠하지 않았고요. 재미있지요? 디테일 속에서 우리는 건축가의 미의식과 건축관을 읽을 수 있지요. 왜 그랬는지 한번 생각해 보세요."

역시 대가다운, 쉬우면서도 깊이 있는 대답이었다. 마키 후미히코는 왕성한 건축가이면서 동시에 열렬한 교육가이기도 했다. 도쿄대 건축학과에서 교편을 잡고 있던 그는 건축과 학생에게 자극이 될 만한 답변을 해준 것이다. 세 명의 건축가를 비교하며 해준 이 대답은 오랜 시간이 지났음에도 여전히 내 귓가에 남아 있다.

나는 이 대답을 들으며 그의 외장에서 스크린 역할을 하는 얇은 알루미늄 봉을 떠올렸다. 마치 프랑스 여인들이 챙이 큰 모자 앞에 거대한 망사를 내려 쓰듯이 그의 건축은 후기로 갈수록 얇은 수평 루버로 스크린 막을 치고 있다. 너무나 여려 쉽게 상처가 날 것 같고 날아갈 것 같다.

자연을 다듬는 정원 기술에서 일본은 세계적으로 유명하다. 나는 교토에서 매우 좁고 긴 일본 전통 가옥에 들른 적이 있는데, 그 집은 MIT 동문인 제프리 무스가 일본 건축에 매료되어 일본으로 건너와 얻은 집이었다. 매우 어두운 집 안에 손바닥만큼 작은 두 개의 정원이 집 중앙과 끝에 있었다. 거실에서 대나무 발을 통해 정원의 푸른 녹색이 들어왔고, 그 곁으로 작은 처마와 툇마루도 있었다.

많은 현대 일본 건축가들이 원하는 건축적 효과는 깊이가 있는 면이었다. 어찌 보면 불필요해 보이지만, 건축물에 겹겹이 대나무 발과 같은 스크린을 설치하면 건물을 딱딱한 물체로 규정하기보다는 연약하고 부드러운 볼륨으로 정의할 수 있게 된다. 또한 과자 하나도 여러 겹의 한지로 싸게 되면 속이 비치는 모습이 과자를 더 먹음직스럽게 만들고, 포장을 푸는 동안에도 손의 촉감을 잊을 수 없게 한다. 건물을 여러 겹 싸는 건축가들의 의도도 대부분 이와 같다. 포장을 여러 번 하여 내부를 신비롭게 보이도록 하고, 포장을 거치는 동안 손맛이 느껴지도록 스크린의 공예미를 다루는 기량을 한껏 뽐낸다. 그리하여 건축을 맛보고자 온 손님들에게 감칠맛 나게 내부를 조금씩 열어준다.

마키 후미히코는 지독한 모더니스트다. 그의 공간은 절대 막힘이 없되 구성의

그림 7-26 MIT 미디어랩 내부와 외부 사진. 외부에서 보이는 마키의 건축은 마치 망사를 쓰고 있는 일본 전통 건축의 모습이다. 일본 교토에 가면 '마치야'라는 전통 주거 건축이 있다. 그곳의 건축은 창문마다 대나무 발을 달아 내부의 좁음을 보일 듯 말 듯한 장치로 극복한다. MIT 미디어랩은 가장 앞서가는 IT 지식 생산 메카로, 과연 인류의 기술이 더 나은 환경 조성에 이바지할 수 있을까 하는 호기심과 신비로움을 자극한다.

원리가 있고, 사람의 흐름과 시각에 주목하고 있다. 그렇지만 그가 교육을 받은 시점은 이미 모더니즘에 대한 강한 비판이 고개를 드는 시점이었으므로 그의 모더니즘 박스는 자기 충족적인 건축적 박스가 아니라 도시와 소통하는 박스였다. 그는 하나의 건축이 전하는 웅변적 독백보다는 여러 개의 건축이 같이 전하는 관계적 대화를 중시했다. 따라서 그의 건축은 '말 걸기'에 초점이 맞추어졌다.

그의 건축은 자연과 대화하고 있고, 도시와 소통하려 하고, 다른 건축과의 관계를 지향하는 형태로 규정된다. 따라서 그가 건축에 입히는 옷은 친근감이 우선이고, 내부는 서로 보고 말하고 자극받을 수 있는 환경을 지향한다. 19세기 산업사회에서는 공장 생산이 무엇보다 중요했기 때문에 개인이 집중할 수 있도록 칸막이를 치고 공간을 구분지려 했지만, 21세기 정보사회에서는 창조적 생산이 중요하므로 서로 교제하고 부딪히는 와중에 불꽃처럼 아이디어가 나오고 발전할 수 있는 환경을 추구한다. 마키가 디자인한 MIT 미디어랩이 그러하다.

명품이냐 명품이 아니냐에 대한 판가름은 역시 세세한 곳까지 묻어나는 디자이너의 정성에서 드러난다. 건물이 경쾌하게 보이기 위해서는 건축가의 역량도 중요하지만 그를 뒷받침해 주고 있는 협력사와의 협업도 중요하다. 특히 엔지니어들과 함께 이전에 보지 못한 것에 대해 열린 마음을 갖고 건축물의 외피 및 건축 시스템을 구성하는 재료에 대해 실험하고 도전하는 태도는 평범한 건물과 비범한 건물을 가르는 중요한 요소가 된다. 마키 건물의 경쾌한 효과는 공짜로 쟁취될 수 없다.

어떤 사물이 시간이 지날수록 깊어지고 작품으로 빛날 수 있다는 가능성을 믿는 건축가와 엔지니어의 열정, 건축을 통해 그 지역의 물리적 환경을 지역사회와 공익을 위해 바꿔보겠다는 건축주의 의식, 디자인 팀과 건축주가 미처 보지 못한 점을 찾아내고 주어진 도면과 시방서보다 더 좋은 공사를 만들겠다는 시공업체의 의지, 이들이 모여 비로소 세상이 예상치 못한 협동이 나오고, 세상이 놀랄 시너지가 만들어지고, 새 역사를 쓰는 명품이 나온다.

19세기 저명한 건축·미술 평론가 존 러스킨 John Ruskin은 건축의 진정한 파워는 손으로 만드는 것들의 아름다움에 기인하고, 오로지 그러할 때만이 인간 깊은 내면의 예술의지를 움직일 수 있다고 믿었다. 하버드 건축대학 학장이었던 그로피우스는 러스킨의 주장에 기본적으로 동의하면서 한걸음 더 나아가, 수공예뿐만 아니라 새로운 시대에 대두된 공산품도 동일한 관심과 디자인을 하면 인간의 깊은 내면을 움직일 수 있다고 믿었다. 그는 미적 아우라는 최신식이면서 동시에 수공예적일 때 생성될 수 있다고 믿었다.

하버드 대학에서 공부한 마키 후미히코도 그로피우스와 비슷한 생각을 가졌다. 그의 철과 유리는 지극히 하이테크적이면서도, 동시에 건축가의 손맛이 구석구석 드러난다. 비록 땅에서 곧바로 얻어지는 자연재료와 공장에서 나온 유리나 금속이 다르지만, 이들을 다루는 마키의 손놀림에는 오랜 시간의 수련이 묻어난다. 차가울 수 있는 메탈에 얇은 요철을 넣어 표면을 부드럽게 처리한다든지 얇은 금속 봉으로 스크린을 만들어 외피를 연약하게 보이게 하고, 경계를 흐리게 하여 인간적이고 도시적인 건축을 빚어냈다.

마키의 재료 사용이 진화하는 변천은 내가 수업시간에 질문하여 얻은 대답에서 압축되어 설명되고 있다. 그의 작업세계에서 재료의 사용은 세 단계를 거치며 변천했다. 르 코르뷔지에와 같은 콘크리트 사용을 시작으로 점차 거친 콘크리트 내면에 나무 패널링과 같은 푸근함을 더하여, 마치 루이스 칸 공간의 콘크리트의 거침과 나무 패널링의 푸근함이 만드는 촉감과 깊이감으로 두 번째 문을 열었다.

마지막 세 번째 문인 메탈과 유리 사용 및 그에 맞는 디테일 개발은 차갑고 구조적이라는 입장에서는 미스 반데어로에의 정신을 이어가고 있지만, 마치 망사같이 결이 있고 경계의 켜를 겹으로 인식하고 있는 점은 모더니즘 건축이 상실한 표면 깊이의 부활, 그리고 모더니즘의 한계였던 재료 사용에 있어 보다 인간다움을 부각시키고 있다. 선의 요소를 부각시키고 재료의 구법을 즐기고 경계를 모호하게 하는 수법들은 일본 전통 건축으로부터 받은 영향이라고 말할 수 있다. 건축적으로도 일본은 참 가까우면서 먼 나라이다. 거리상으로 가깝지만 우리와는 복잡한 역사관계 때문인지 은근히 거리를 두는 태도가 우리 건축계 안에 여전히 존재한다. 일본 건축에 대해 다시 생각하게 된 계기는 처음 유학을 갔을 때, 갓 부임해온 존 퍼넌대스 John Fernandez 교수가 일본 건축의 장인성을 세계 제일로 치는 이야기 때문이었다. 안타깝게도, 한국 건축이 근대화 과정을 거치며 외세 침략으로 조선의 장인성이 계승되지 못한 데 반해, 일본의 장인성은 실무를 통해 면면히 이어왔다.

그림 7-27 상단은 마키 후미히코, 하단은 요시오 타니구치다. 세계성과 지역성을 동시에 가진 건축. 아마도 모든 건축가들이 꿈꾸는 자신의 건축 모습일 것이다. 모더니즘 내부 공간의 보편성과 일본적인 건축술로 다루어지는 재료의 특수성은 실로 이들이 왜 일본 최고의 건축가인지 알려준다. 두 건축가들이 건축 디테일과 재료에서 보여주는 장인정신은 놀랍다. 마키의 건축과 타니구치의 건축에서 느껴지는 시원함은 불필요한 선을 지우는 것에서 시작된다.

그림 7-28 좌측 상단부터 시계 방향으로 호류지 박물관 외관, 호류지 박물관 내부, 이츠쿠시마 신사 전경, 밀물일 때 이츠쿠시마 신사 건물 바닥까지 물이 찬 모습이다.

일본이 메탈과 유리를 다루는 솜씨는 목조 건축을 다루던 고려시대 한국 도편수의 손놀림과 맞먹는 경지이다. 철과 유리가 재료로서 가지는 화학적 속성 및 물리적 특성은 제작될 수 있는 크기를 제한하고 있다. 일본 장인들은 한계를 뛰어넘으려고 부단히 노력하고 있다. 마키의 건축은 그런 장인적인 노력의 한 정점을 구축하며, 일본 건축의 대표주자로 재료의 내재적 한계를 뛰어넘어 새로운 도전 작품을 선보인다.

마키와 마찬가지로 모더니즘 공간 구성을 하며 재료에 천착하는 일본 건축가로는 요시오 타니구치Yoshio Taniguchi가 있다. 그는 뉴욕 현대미술관MOMA 증축안이 세계적인 공모전에서 당당히 당선되면서 언론의 스포트라이트를 받으며 급부상한 건축가다. 뉴욕 현대미술관 디렉터였던 글렌 로리Glenn Lowry와 테렌스 릴리Terrance Riley는 도쿄 우에노 공원에 있는 호류지 박물관을 본 후 그를 건축가로 선정하기로 했다.

뉴욕 현대미술관 신관이 개관하자마자 부리나케 뉴욕을 다녀온 나는 20년을 이 업계에 종사하면서 처음 들어본 타니구치의 이름을 중얼거리며 '무림의 고수는 정말 숨어 지내는구나!' 하고 감탄한 적이 있다. 그러다가 2010년 여름 요코하마 동아시아 워크숍 후 방문하게 된 타니구치의 호류지 박물관을 보며, 감히 이 건축물을 르 코르뷔지에의 롱샹 성당과 같은 대열에 넣고 싶을 정도의 감탄과 존경심이 생겼다. 이 건축물을 통해 나는 다시 건축이 자랑스러워졌고, 건축의 가능성을 믿게 됐다.

타니구치 건축을 얘기하면서 히로시마에 있는 이츠쿠시마 신사를 빼놓을 수 없다. 육지와 바다 경계에 지은 이 집은 썰물에는 물이 멀리 나가 있어 건축물이 땅 위에 서 있고, 밀물 시간이 되면 물이 건물 바닥까지 차오른다. 서향인 이 집은 물이 들어오는 시간에 석양 빛이 수면에 반사되어 천장에 반사된다.

먼 곳에 있는 빛과 드넓은 바다의 모습은 제한적인 인간의 모습을 뚜렷이 보여준다. 사람으로 하여금 심연으로부터 겸손과 감사의 탄성이 터져 나오게 만든다. 그것은 어떠한 철학적 명제보다도 빛과 물로 구성된 건축적 명제가 지친 사람의 내면을 치유하고 재생시키는 힘이 있음을 보여준다.

요시오 타니구치는 이츠쿠시마 신사에서 스티븐 홀이 로마의 판테온에서 그러했던 것처럼 무너졌고, 자신을 발견했다. 그는 건축을 통해 풀어야 할 자신의 소리를 찾았다. 그는 아마 이츠쿠시마 신사를 통해 일본은 숙명적으로 섬이란 사실을, 또 바다만이 제한적인 땅을 넓힐 수 있는 인식의 틀이며, 건축의 미래를 열 수 있는 가능성이자 잠재력이라는 사실을 깨달은 것 같다. 그리하여 그의 박물관은 땅과 물의 경계면 속에서 정의된다.

타니구치의 호류지 박물관은 이츠쿠시마 신사와 같이 물과 땅의 경계면에 있다. 돌로 된 박스를 유리로 된 박스가 감싸고, 그 앞에 거대한 캐노피가 바로 앞에 있는 인공의 풀과 건축물 경계면에 있다. 넓은 캐노피는 뻗어나가는 길이에 비해 두께가 얇다. 또 지지하고 있는 기둥은 이쑤시개만큼이나 얇다.

유리 박스를 구성하고 있는 유리 한 패널의 크기도 믿어지지 않을 만큼 얇은 틀로 잡혀 있다. 강한 바람이 불면 어떻게 하나 걱정이 될 정도로 얇다. 돌박스와 캐노피는 약간의 간격을 두고 투명한 천창에 펀칭된 메탈을 삽입했다. 난간 유리에는 얇은 흑색 망이 들어가 있다.

전면 창에 있는 스크린을 통해 환경과 빛은 잘게 썰어져 들어오고, 그렇게 여과되어 들어온 빛은 다시 내부 재료의 간섭을 통해 음영이 생긴다. 방을 밝혀야 할 조명과 에어콘 바람이 나와야 하는 그릴조차 눈에 안 보인다. 재료의 모든 이음새는 지워져 있다. 이츠쿠시마 신사의 침묵이 이곳에도 퍼져 있다.

물과 빛을 체험적으로 깨달은 건축가, 이들은 큰 틀 속에 작은 틀을 규명한다. 물과 빛의 결을 건축이라는 틀을 통해 사물화하고 만질 수 있도록 해준다. 따라서 이들은 건축을 통해 마치 삼림욕을 하거나 해수욕을 한 기분을 전해준다. 마키 후미히코와 요시오 타니구치의 집이 바로 그렇다.

켄달 스퀘어
: 생명공학, IT 산학 클러스터 단지

Ⓐ 바이오테크놀로지 빌딩 Biotechnology Building
Ⓑ 젠자임 본사 Genzyme Headquarters
Ⓒ 노바티스 빌딩 Novartis Building
Ⓓ MIT 암 연구 센터 Cancer Research Center

여덟 번째 이야기

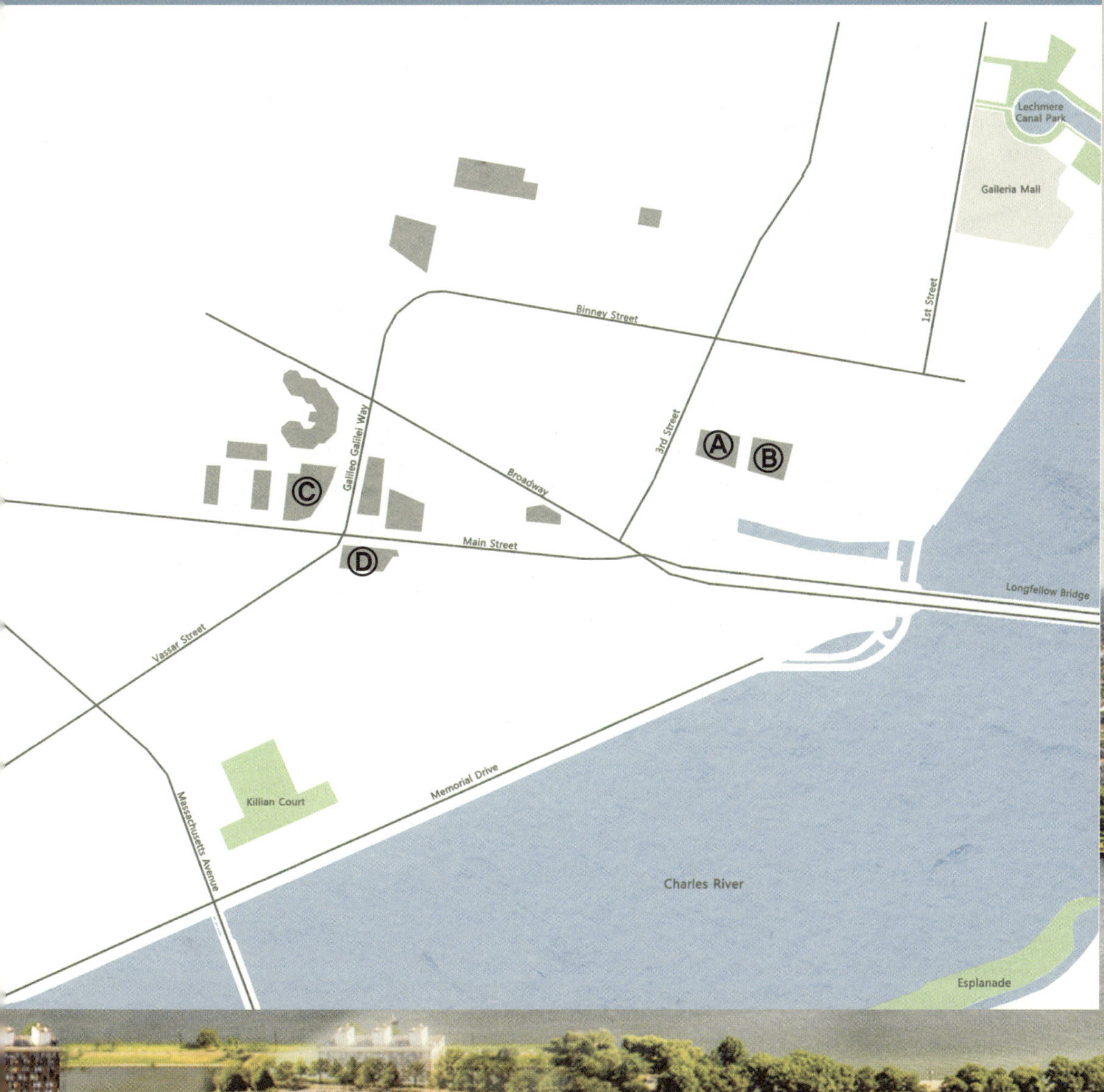
Lechmere Canal Park
Galleria Mall
1st Street
Binney Street
3rd Street
Galileo Galilei Way
Broadway
Main Street
Longfellow Bridge
Vassar Street
Killian Court
Massachusetts Avenue
Memorial Drive
Charles River
Esplanade
A
B
C
D

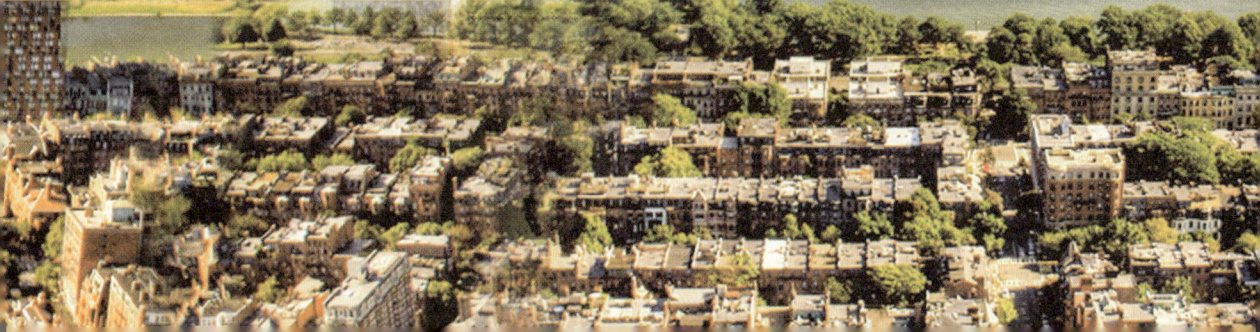

그림 8-1 스티븐 에를리히가 켄달 스퀘어에 디자인한 바이오테크놀로지 빌딩.

아프리카 건축 정신을 아는
스티븐 에를리히

　　　　　　　　　•여행에 대한 건축가의 집착은 남다르다. 소설가로서 경지에 오르려면 다른 작가의 소설을 많이 읽어야 하는 것처럼, 건축가로서 경지에 오르려면 훌륭한 작품을 많이 봐야 한다. 그래서 건축가들은 세계 곳곳에 있는 대가의 작품을 찾아 여행을 떠난다. 다른 작가의 작품을 보고 스케치를 한다. 건물이 있는 땅을 그리기도 하고, 건축의 형태를 그리기도 하고, 내부 공간을 그리기도 하고, 창을 통해 들어오는 빛을 그리기도 한다.

　자신의 심금을 울리는 건축물을 만나면 기쁘기 그지없다. 무엇이 담담한 자신의 마음을 울리고 있는지 분석하고 그 이유를 찾아야 한다. 만약 그렇게 해도 찾지 못한다면, 다음날 다시 봐야 한다. 날씨가 달라지면 다른 빛이 건축물에 닿기도 하고, 전날보다 더 크고 날카롭고 울렁거리게 한다. 감동의 근원이 무엇인지 전날보다 날카롭게 분석하지만 산발적으로만 이해된다. 빨리 다음 목적지를 향해 가야 하는데, 건축이 발목을 잡는다. 분명 자신을 움직이게 하는 원인이 하나로 정리될 수 있을 텐데, 줄기를 못 잡고 가지만 무성한 생각의 한계가 싫다.

포기할까 하다가 '딱 한 번만 더' 하는 마음으로 찾아간다. 그런데 신기하다, 며칠간 고민하던 맥이 잡히고, 마음을 움직이게 만든 원인이 보인다. 특정한 아름다움에 끌리는 이유를 이해하는 순간이다. 산발적인 것 같은 내 안의 감탄이 일정한 체계가 있는 무엇이었다는 사실을 알게 된다. 그 순간 디자인을 찾아 떠난 여행이, 사실은 나를 찾아 떠난 여행이었음이 드러난다. 남의 건축은 결국 스스로 추구하는 미의 대상이 어떠한 형식으로 드러나는지 뚜렷이 보여준다. 작게는 건축 디테일을 통해, 크게는 도시 건축을 통해, 자기 안에 있는 불확정적이던 미의 기준이 또렷한 모습으로 구체화된다.

18세기 말 영국의 건축가 존 손 John Soane, 그리고 19세기 초 독일의 젊은 건축가 카를 싱켈 Karl Schinkel은 건축 기행을 통해 자신만의 독창적인 스타일을 개척했다. 19세기 말 스위스의 젊은 건축가 르 코르뷔지에와 20세기 일본의 안도 다다오 역시 이런 여행을 통해 대가의 반열에 올랐다.

그림 8-1은 로스앤젤레스의 건축가 스티븐 에를리히 Steven Ehrlich에 의해 디자인된 빌딩 입구다. 그는 아직 대가의 반열에 오르지는 못했지만, 나는 그의 작품집을 보고 그에게 반했다. 그의 건축물을 실제로 보기 전이었다. 뉴욕 출신 건축가인 그는 6년간 아프리카 사하라 사막 근처를 여행하며 다양한 모습을 스케치했다. 결핍의 땅인 사막은 인간이 잔혹한 환경에서 생존하고자 하는 의지가 그대로 표출되고 반영된 곳이다. 나는 혹시 그에게도 인상주의 화가 폴 고갱과 닮은 의식의 원시성이 있지 않을까 궁금했다.

죽음을 마주 본 사람이 삶에 대한 애착이 더하고, 사막의 결핍을 경험해 본 사람이 도시의 풍요로움을 알고, 물질의 결핍을 경험해 본 사람이 주어진 물질의 고마움을 아는 법이다. 에를리히는 결핍의 문화를 통해 넘침의 문화인 미국

그림 8-2 좌측 사진은 글라스 채널 상세 모습, 우측 사진은 테라코타 벽면 상세 모습이다. 돌과 돌 사이가 비어 있는 모습, 단순한 창틀 모습, 아마도 좋은 건축은 이런 세심한 디테일을 즐길 줄 아는 시민들이 많아질 때 비로소 생기는 것이다.

로스앤젤레스의 건축을 새롭게 쓰고자 했다. 한 번도 그의 건축을 직접 본 적이 없던 나는 켄달 스퀘어에 그의 건축이 선보인다는 소문을 듣고 찾아갔다.

에를리히의 작품 입구는 여러 재료가 서로 빗겨가며 만들어져 있었다. 글래스 채널이라 불리는 유리는 철이 붙들고 있었다. 철틀 아래쪽에 '켄달 스트리트Kendall Street'라는 건물 이름이 매달려 있었다. 글자 한 자 한 자가 네모난 철판에 용접되어 있다. 유리로 돼 있어 본래 가벼운 건물의 외관이 더욱 경쾌해졌다. 치마의 결을 위해 디자인된 속치마와 같이 노란 벽면이 살짝 건물 유리면 아래로 나온다.

노란 테라코타 표면의 결이 변하고 있는 사실이 눈에 들어온다. 바닥을 보니, 테라코타 블록이 두껍지 않음을 알 수 있다. 둥근 인공조명이 저녁에 나무 천장과 테라코타 벽면, 유리 벽면과 건물이름 문자에 낼 효과를 상상한다. 유리면과 글자는 빛을 투과하고 반사하며 테라코타 면을 스쳐갈 것이고, 나무 천장 틀은 결을 드러내며 사람을 자연스럽게 내부로 걸어가게 할 것이다. 재료의 올바른 배열과 재료의 속성을 드러나게 하는 것, 디테일을 통해 사람의 발걸음이 움직이게 하는 것, 디자인은 세상을 구하겠다는 구호가 아니라 재료에 대한 세심한 배열을 통해 세상이 보지 못한 시각을 선사하는 것이다.

'ㄷ'자로 생긴 유리를 길게 뽑은 부재를 현장에서는 '글라스 채널'이라고 부른다. (그림 8-2) 표면이 거친 이 부재를 서로 맞물리게 'ㅁ'자로 만들어 건물의 껍데기로 사용하겠다는 생각은 획기적이다. 조망이 필요한 곳에는 글라스 채널을 대신해 투명유리를 삽입한다. 글라스 채널과 다음 글라스 채널이 만들어내는 줄눈에서는 유리를 접은 곡률이 만드는 둥그스레함이 생긴다. 이런 곳에서 빛은 춤춘다.

낮에는 햇빛이 실크원단에서 반짝반짝 빛나듯이 이 건물 위에서도 빛나고,

저녁에는 조명에 의해 뿌연 효과를 내어 랜턴의 효과를 낸다. 유리면을 왜 3겹으로 줬는지 의문이 생긴다. 작은 스케일에서 재료의 결이 만드는 효과를 큰 스케일에서 더 장엄하게 생기기를 바랐는지도 모른다. 바이오테크놀로지생명 공학를 위해 디자인된 건물에서 에를리히는 DNA 패턴이 건물 얼굴에서 드러나기를 원했다고 한다. 노란색 테라코타 면의 창이 움푹 들어가 있다. 유리를 잡아주어야 하는 창틀이 보이지 않는다. 면도날처럼 얇아진 창틀 모습은 건축 디테일의 승리다. 흔히 말하는 '알루미늄 창틀'을 없애기 위해 노력한 디자이너의 투쟁이 치열했던 만큼 간소해진다. 돌 블록은 시멘트와 물을 섞어 만든 모르타르가 접착제로 사용되므로 테라코타 사이에 모르타르가 줄눈으로 남아 있다. 쌓아올린 시공이 아니라 뒤에서 매단 클립형이라면, 고무 실란트 줄눈이라도 보여야 한다. 이 건축의 디테일은 모르타르나 실란트가 보이지 않는 공기 줄눈이다. 보스턴에서 이 빈 공기 줄눈을 가리켜 '드라이 조인트'라고 한다. 독일에서 개발된 조인트로 처음 보스턴에 소개되었는데, 이때 건축계의 반응은 뜨거웠다.

베니쉬 파트너스의
친환경적 제약 회사 본부

•에를리히의 건물 바로 앞에 바이오테크놀로지 분야에서 세계적으로 유명한 젠자임Genzyme 본사 건물이 들어섰다. 젠자임 본사를 설계한 건축가는 건축을 공부하기 전 철학을 공부한 슈테판 베니쉬Stefan Behnisch였다. 그는 아버지의 가업을 이어 건축계에 입문했는데, 아버지 귄터 베니쉬Günter Behnisch는 프랑크푸르트 우편 박물관 공모전으로 건축계에 이름을 날린

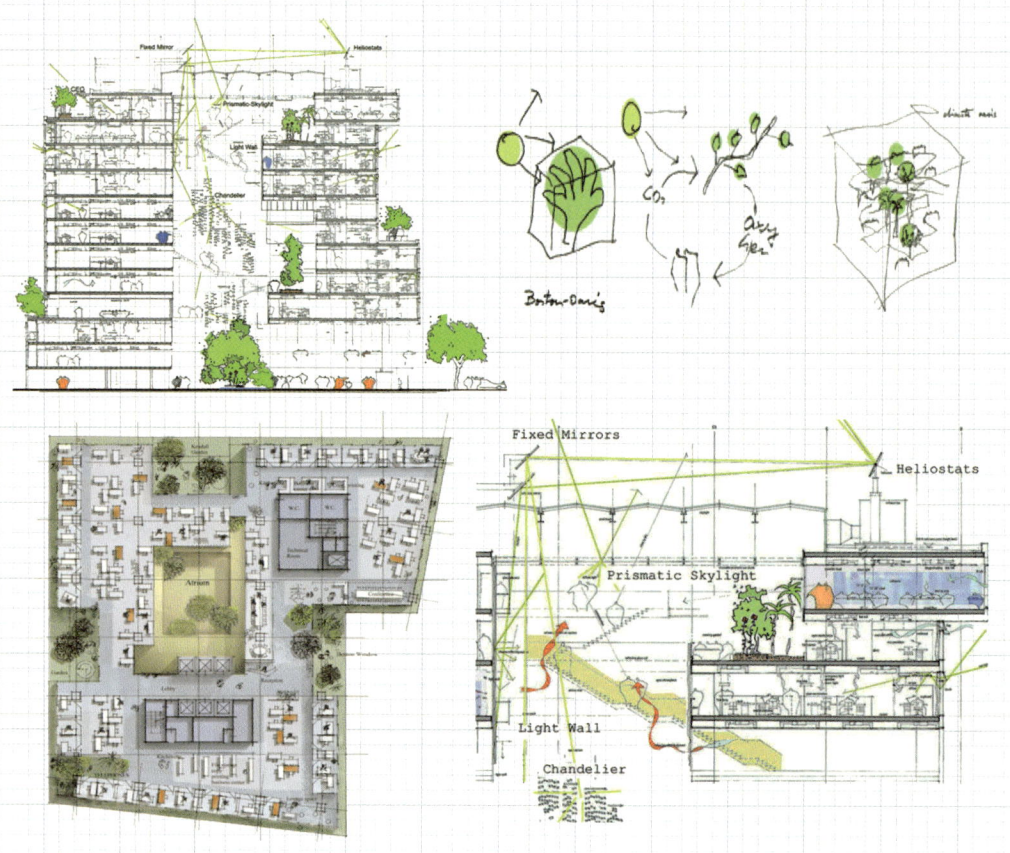

그림 8-3 젠자임 본사의 건축 도면과 다이어그램. 우측 상단 이미지처럼 슈테판 베니쉬는 빛과 나무에 의해 감기는 아트리움을 설계하고자 했다. 좌측 상단 이미지를 보면 도로에서 건물 꼭대기까지 나무가 휘감아 올라가고 있고, 반대로 빛은 천창을 통해 들어와 반사판들과 철제 샹젤리제에 의해 건물 깊숙이 들어간다. 새로운 생각과 새로운 재료가 만든 이 건물의 성공으로 슈테판 베니쉬는 하버드 대학으로부터 줄기세포센터 건축 의뢰를 받았다.

세계적인 건축가였다. 독일에서 실무만 하던 슈테판 베니쉬가 북미 대륙에 던진 출사표가 바로 이 건물이었다.

깐깐하기로 소문난 보스턴 건축계는 젠자임 본사 준공으로 크게 놀랐다. 건축가들은 아름다운 건물을 지향하지만, 그 이면에 생각이 담긴 건축을 지향한다. 슈테판 베니쉬는 형태나 공간을 조직한 것이 아니라 생각을 조직했다. 또한 그의 생각은 이 시대가 추구하는 친환경적 미학이 담겨 있었다. MIT는 서둘러 슈테판 베니쉬를 특별 초청했고, 하버드 대학은 알스톤에 새롭게 짓는 제2캠퍼스의 건축가로 그를 지목했다.

그림 8-3의 우측 상단에 보이는 간단한 스케치는 건축가가 가진 건물의 꿈이다. 그것은 단순했다. 땅에 있는 녹지를 건물의 최상단까지 가지고 올라가겠다는 생각과 하늘에서 떨어지는 빛을 건물 구석까지 관통하고 결국에는 바닥까지 갖고 오겠다는 생각이었다. 그로 인해, 평면적으로나 단면적으로 그의 건축은 공간 사이사이에 정원을 가지게 되었고, 도넛 모양으로 건물 중앙이 텅 빈 아트리움을 가지게 되었다.

좌측 하단에 있는 평면도를 보면, 건물 외부로 정원이 배치되어 있다. 중앙의 아트리움과 정원으로 인해 사용공간이 네 개로 나뉘어졌고, 아트리움을 중심으로 연결공간인 브릿지와 매개공간인 휴식장소가 생기게 되었다. 세계적인 제약회사 젠자임의 과학자와 연구자의 일에 대한 정열과 커리어에 대한 야심은 대단하다. 불치병에 도전하는 이들은 일벌레들이다. 경쟁하며 개척해 나가야 하는 이들에게는 연구에 집중할 수 있는 환경을 만들어 주는 것도 중요하지만, 그보다 더 중요한 것은 창조적 환경이다.

창조적 환경의 핵심은 의사소통을 통한 지식 통섭이다. 모이고 싶은 장소를 만들고 부드러운 분위기에서 부담 없이 얘기를 나눌 수 있는 장소를 만드는 것

그림 8-4 젠자임 센터 입구를 통해 아트리움에 들어오면, 공중 정원을 통해 트인 내부를 만난다. 나무가 정원들을 채우고, 나무 바닥으로 의사소통이 일어나는 정원을 친밀하고 푸근하게 한다. 천창으로 쏟아지는 빛은 메탈 마감에 의해 반사되고, 은실에 매달려 있는 은색 샹젤리제도 소멸되려고 하는 빛을 모아 한 번 더 소생시켜 내부 깊숙한 곳까지 이어준다. 어떠한 유형의 창조이든, 창조는 창조적 공간이 생산한다. 그것이 건축의 변하지 않는 힘이다.

이다. 일반 사무실 건물의 경우 어두침침한 복도가 유일한 교류의 장이지만, 베니쉬의 건물은 건물 전체가 교류하는 장이 되었다. 내부를 관통하는 빛은 정원의 성격을 격상시켰고, 사람들은 그래서 이곳에서 창조적인 모임을 갖는다.

아트리움 지붕은 유리로 되어 있다. 지붕 위에는 태양빛의 각도에 따라 민감히 대응하는 일광 반사 장치인 헬리오스탯(Heliostat, 햇빛을 반사경으로 반사하여 일정한 방향으로 보내는 광학적 장치)과 거울을 설치하여 빛이 아트리움 깊숙이 들어갈 수 있게 했고, 일단 내부에 들어온 빛은 다시 천창의 광선 확산기(Prismatic Skylight)를 통해 여과되어 흩어진다. 한번 흩어진 빛은 다시 반짝이는 스테인리스 샹들리에와 아트리움 난간에 설치된 스테인리스 스크린을 통해 무한히 많은 반사 빛을 일층 로비까지 쏟아낸다. 일층의 스테인리스 통에 담긴 물 위로 떨어진다.

젠자임 아트리움의 빛은 철저히 디자인된 빛이다. 손톱 만한 크기의 파편화된 빛이 건축 내부에 있는 나무 잎사귀에 반사되어 과학자의 눈에 들어오기까지는 오랜 시간이 걸리지 않는다. 일층에 있는 물은 슈테판 베니쉬의 손을 거쳐 전자 음악과 같은 진동음을 내고, 수면은 잔잔히 파장을 일으킨다. 물의 음이 바닥으로부터 올라와 날아다니는 정원의 식물까지 도착하는 시간은 위로부터 걸러져 쏟아지는 빛이 도달하는 시간과 같다. 물의 소리가 자극하는 청각과 빛의 질감이 만드는 시간의 본질은 자라남이다. 나무가 물과 빛에 의해 자라고 있다는 심리적 상상은 사람의 생각이 자라는 밑거름이 된다.

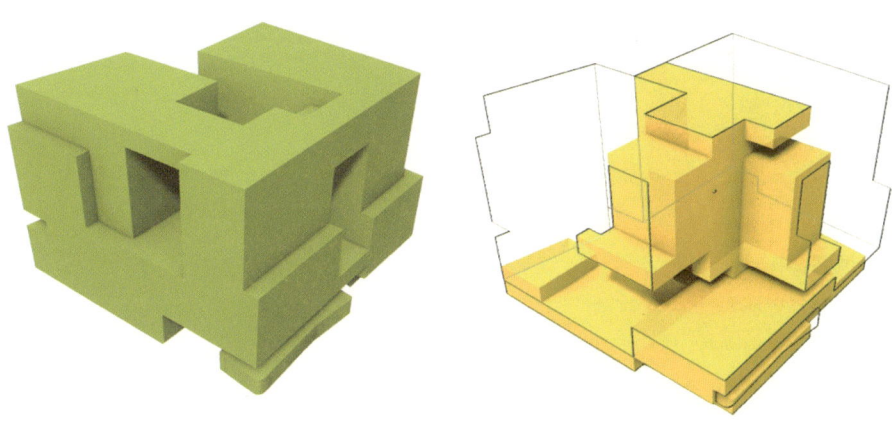

그림 8-5 왼쪽 사진은 젠자임 외부 형태 3D다이어그램이고, 오른쪽 사진은 내부 3D다이어그램이다. 오른쪽 다이어그램이 전해주는 메시지는 강하다. 일종의 보이지 않는 부분인 허의 구조를 보이는 실의 구조로 표현한 점이 먼저 눈에 띈다. 회화에서 흔히 '여백의 미'라고 표현하는 바로 여백에 해당하는 부분이 바로 오른쪽의 노란색 3D다이어그램이다. 괜찮은 건축이 나오려면, 여백이 50%는 되어야 한다.

하버드 대학

: 세계적인 건축가들의 진열장

- Ⓐ 하버드 스퀘어 Harvard Square
- Ⓑ 하버드 올드 야드 Harvard Old Yard
- Ⓒ 하버드 뉴 야드 Harvard New Yard
- Ⓓ 하버드 도서관 Widner Library
- Ⓔ 매사추세츠 홀 Messachusetts Hall
- Ⓕ 유니버시티 홀 University Hall
- Ⓖ 메모리얼 홀 Memorial Hall
- Ⓗ 세버 홀 Sever Hall
- Ⓘ 로빈슨 홀 Robinson Hall
- Ⓙ 에머슨 홀 Emerson Hall
- Ⓚ 카펜터 센터 Carpenter Center
- Ⓛ 포그 미술관 Fogg Museum
- Ⓜ 새클러 미술관 Sackler Museum
- Ⓝ 하버드 건축대학 Graduate School of Design
- Ⓞ 사이언스 센터 Science Center
- Ⓟ 태너 분수 Tanner Fountain
- Ⓠ 하우저 홀 Hauser Hall
- Ⓡ 오스틴 홀 Austin Hall
- Ⓢ 성 바오로 성당 St Paul Church
- Ⓣ 홀리오크 센터 Holyoke Center
- Ⓤ 영화 《러브스토리》에 나오는 다리 John W. Weeks Bridge

아홉 번째 이야기

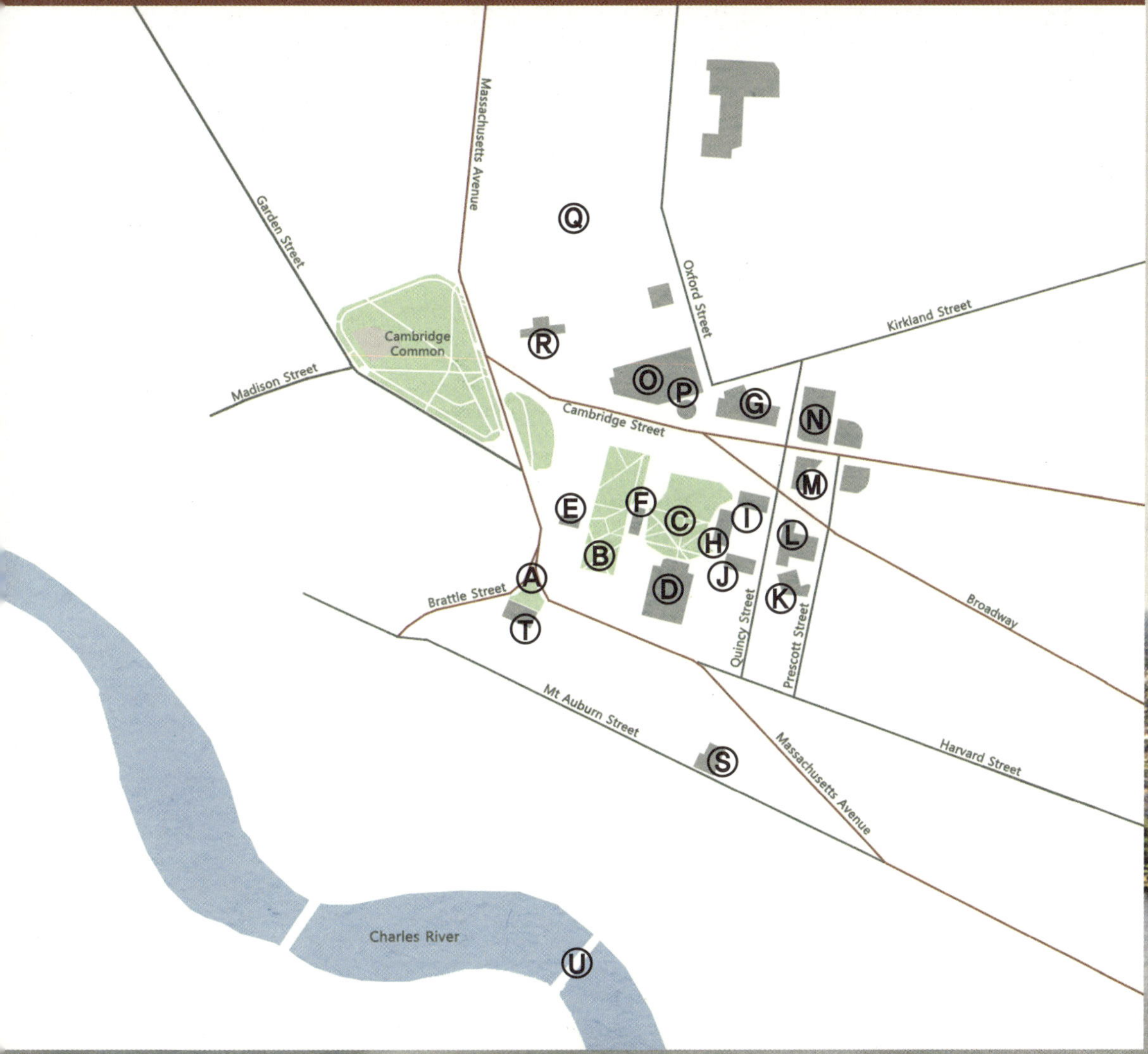
Massachusetts Avenue
Garden Street
Oxford Street
Kirkland Street
Cambridge Common
Madison Street
Cambridge Street
Broadway
Brattle Street
Quincy Street
Prescott Street
Mt Auburn Street
Harvard Street
Massachusetts Avenue
Charles River

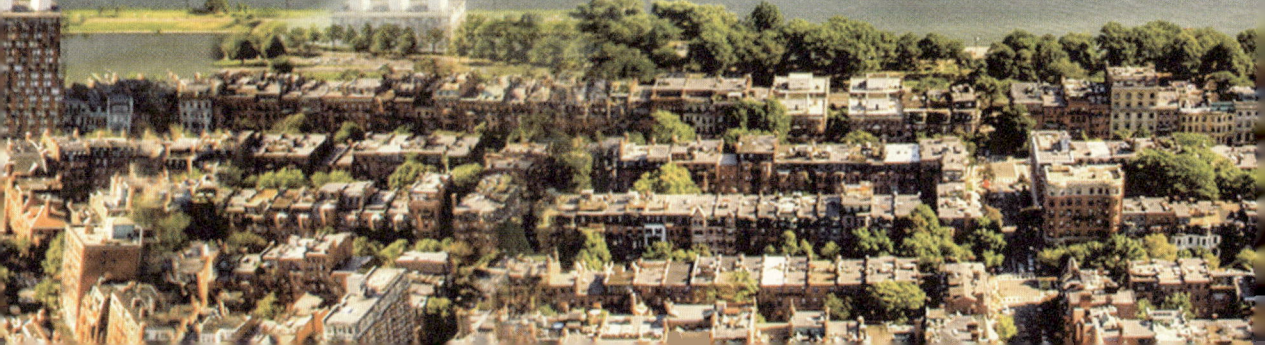

그림 9-1 하버드 교정. 자연이 만드는 공간만큼 위대한 건축 공간이 있을지 생각하게 만든다. 사진 오른쪽 아래에 문을 밝히는 등이 보인다. 이른 아침에 하버드 교정을 걸으며 잔디와 나무에 물 주는 모습을 봐야만 비로소 하버드 대학이 정원에 쏟는 정성을 알 수 있다.

하버드 대학

하버드 야드
— 하버드 캠퍼스 건축의 DNA

MIT와 하버드는 대학 간 모든 수업을 공유하는 협약을 맺었다. 따라서 원한다면 MIT 학생이 하버드에서 강의를 들을 수 있다. 그러나 이동시간이 아까운지 아니면 묘한 경쟁심리인지 대부분의 학생들은 모교 수업만 수강한다. 나 또한 학창 시절에 하버드 교정에 가본 기억이 별로 없다. 간혹 한국에서 손님이 오실 때 '관광가이드'로 몇 번 방문한 것이 전부다.

미국 학문의 메카인 보스턴은 교육열 높은 우리나라 부모에게 인기 많은 도시다. 자녀를 세계적인 무대로 진출시켜 보겠다는 야심이 있는 부모들은 미리 사전 답사하는 열정을 보인다. 지인들과 함께 하버드에 올 때마다 나는 캠퍼스 교정을 가리키며 누구나 쉽게 길을 찾을 수 있는 축이 없네, 캠퍼스 중심이 없다며 비판했다. 그러나 이렇게 MIT로 이동해서 질서 잡힌 캠퍼스를 보고 감동을 받을 수 있도록 미리 깔아놓는 포석과 같은 가이드 멘트도 무용지물이었다. 지인들이 하나같이 아기자기한 하버드 캠퍼스가 더 좋다고 말해서 내 속을 뒤집어 놓곤 했다. MIT를 졸업한 후 다닌 직장이 하버드 대학교 바로 옆에 있었던 덕분에 나는 9년간 출퇴근길에 하버드 교정을 지나다녔고, 그러면서 하버드 교정을 새롭게 보게 되었다.

    직장생활이 점점 일상화되면서 나는 초조해지기 시작했다. 일을 하면서 대학 연구소, 제약 연구소, 의료 연구시설에 대한 지식은 깊어갔지만, 설계하는 건축물의 종류가 단 몇 가지로 좁혀져가는 현실은 날 답답하게 했다. 더욱이 빌 테큐 할아버지의 이야기는 마음을 더 무겁게 했다. 빌은 거장이 되기 위해 누구보다 열심히 일을 했지만, 50대에 어쩌면 자신이 꿈꿨던 건축가가 될 수 없을지도 모른다는 현실을 생각하며 10년간 우울증을 앓았다고 했다. 급기야 이혼을 하고 직장을 그만두고 친구들과 결별하기도 했었다는 인생스토리를 들으며, 난 누구에게나 그런 일이 일어날 수 있다는 사실이 무서웠다.

    또 유학을 와서 배운 건축은 분명히 밝은 하늘을 배경으로 유유히 나는 한 마리의 백로였는데, 어찌하여 나의 일상은 연일 밤을 새며 점점 박쥐가 되어 가는지 알 수 없었다. 이때 돌파구가 되어준 것이 점심시간마다 찾아간 하버드 대 건축학과 도서관과 화요일마다 열리는 스타 건축가들의 공개 강연이었다. 나는 사막에서 오아시스를 만난 것 같았다. 계속되는 실무로 점점 이론적 지식이 바닥을 드러내던 시점에 새로운 지식의 달콤함에 젖어들었다. 그러면서 하버드 교정은 새로운 실체로 다가왔다.

    하버드 대학 건축학과 교수이자 프리츠커 상 수상자인 라파엘 모네오Rafael Moneo의 강연을 들으면서 나는 디자인으로서의 건축, 이론으로서의 건축, 건축 재료로서의 건축을 다시 생각하게 되었다. 스위스 건축가 자크 헤르조그Jacques Herzog의 강연을 들으면서 미술과 건축의 관계를 다시 생각하게 되었고, 오래된 재료의 새로운 사용을 생각하게 되었다. 수많은 스타 건축가의 강연은 실무로 무뎌진 나의 탐구정신을 새롭게 했다. 강의 다음날은 직장동료들과 강의에 대

그림 9-2 건물보다 높은 하버드 올드 야드의 나무는 여름에는 뜨거운 태양을 막아주고, 겨울에는 따스한 햇볕받이가 되어준다. MIT의 대칭적 캠퍼스에 익숙했던 나는 이곳의 유기적 배치에 '질서의 부재'라는 명목으로 비판적이었다. 자연적인 구릉을 그대로 살리고 보행로를 의도적으로 대각선으로 만든 하버드의 조경 계획은 사실 또 다른 질서이며, 어쩌면 더 자연스러운 인문적 질서라는 사실을 깨닫기까지는 시간이 걸렸다.

그림 9-3 하늘에서 내려다본 하버드 대학교. 하버드 교정은 매우 넓다. 그중에서도 찰스 강 북단에 위치한 교정만 살펴보면 크게 세 지역으로 나눌 수 있다. A는 하버드가 시작된 곳으로, 일명 하버드 야드라 불리는 곳이다. 야드를 중심으로 학교 본부와 신입생 기숙사가 있다. 학부생들은 메모리얼 홀이라고 하는 건물(F)에서 식사를 한다. B 지역은 하버드 북측 캠퍼스다. C 지역을 하버드 스퀘어라 부른다. 매년 수많은 관광객들의 발걸음이 끊이지 않는 보스턴의 명물이다. D는 찰스 강 상류이다. 중앙캠퍼스(A)와 북측 캠퍼스(B)는 캠브리지 스트리트(H)에 의해 양분되었다. 1970년대 캠브리지 스트리트는 지하통로를 개설하고, 사이언스 센터(E)에서 우회하는 도로 공사를 통해 양분된 캠퍼스를 하나로 묶을 수 있었다. G는 하버드 건축대학 GSD 건물이다.

한 이야기를 나눴다. 하버드 출신 동료들은 은사들의 디자인 계보와 일화를 들려주고, 하버드 교정과 정원이 아름다운 이유를 설명해 주었다.

하버드 교정 일 번지는 하버드 야드다. 야드를 중심으로 학부 신입생을 위한 기숙사가 있다. 신입생들은 학부 첫 일 년을 이곳에서 보낸다. 전기가 없는 시대에 세워진 건물이라 창문이 큼직하고, 장식은 과감히 생략된 벽돌 건물이다. 하버드에서 가장 오래된 건축물은 1718년 완공된 매사추세츠 홀이다. 이곳에 하버드 대학 총장실이 있다. 하버드 야드는 올드 야드와 뉴 야드로 나뉘는데, 그 중앙에 백색의 유니버시티 홀이 있다. 각 대학 학장의 사무실이 있는 건물이다. 유니버시티 홀은 벽돌로 된 적색 건물 사이에 있는 화강석 백색 건물로 하버드 교정이 확장될 것을 예견한 건축가 찰스 불핀치에 의해 건물 뒷면도 앞면처럼 세심히 디자인되었다.

나는 뉴 야드보다 올드 야드를 더 좋아한다. 보스턴 건축에 관해 책을 쓰지만, 그래도 내가 꼽은 보스턴의 베스트는 건물이 아니라 하버드 야드, 찰스 강가, 보스턴 퍼블릭 가든, 어번 세미테리, 월든호수이다. 이들은 절대 사진으로 다 담기지 않는 곳이다. 소리가 있고 체험이 있는 이곳은 전체적으로 시간을 두고 알아가는 곳이지 한 번의 방문으로 알 수가 없다. 스냅 샷으로 한 순간을 이미지로 담는 것으로는 부족하다. 습함과 메마름, 향기와 냄새, 소리와 침묵이 변하므로 직접 가서 보고, 느끼지 않고는 계절적 진가를 알기 힘들다.

디자인 측면에서 야드의 생명력은 건물보다 나무를 통해 온다. 대부분의 건축물이 백년 전에 지어졌으므로 나무 높이는 지붕보다 훨씬 높게 올라간다. 비옥한 토양을 차고 올라가는 가지는 높은 곳까지 뻗기 시작하여 잔가지 구름을 형성한다. 밀도 높은 신록의 잎사귀 사이로 찌는 듯한 여름 태양이 시원한 폭포수로 바뀌어 쏟아진다. 이때 야드 전체는 녹음이 짙은 숲이 된다. 나무 잎사귀 지붕과 푸릇푸릇한 잔디 바닥이 만드는 천혜의 집은 스트레스를 날려주기에 충분하다. 공부에 지친 학생들이 나와서 나무와 빛을 즐긴다. 광합성 중인 나무가 일광욕 중인 사람과 하나가 된다. 유난히 눈이 많이 오는 보스턴의 땅은 다시 촉촉해지고 굳었던 뼈마디는 부드러워진다. 벽돌 건물의 붉은 기운은 더욱 생기가 돈다. 이 땅은 성장하고자 하는 생명에게 자랄 수 있다는 확신을 심어주고 현실화 시켜준다. 시작은 자기였지만, 결국 주변마저 생명력 있게 바꾸고자 하는 능동적인 땅이다.

이곳은 미국 최고의 지성과 리더를 배출한 산실이다. 이곳은 무기물로서의 건축이 아니라 유기물로서의 건축이다. 삶에 대한 애착이 강한 자들이 죽음에 대한 두려움을 넘고자 들어오는 곳이다. 진리의 밝음이 무지의 어둠을 이길 것이라 믿는 자들이 첫 단추를 끼고자 들어오는 곳이다.

세계적인 건축가들의 진열장, 하버드

1990년대 하버드 대학교 박물관 중의 하나인 새클러 미술관 Seckler Museum을 디자인한 영국 건축가 제임스 스털링 James Stirling은 자신의 건물이 들어설 거리에 당대 쟁쟁했던 건축가 작품이 늘어선 모습을 보고 친구인 콜롬비아 대학의 건축비평가 케네스 프램튼 Kenneth Frampton에게 "하버드 대학은 건축 동물원 architecture zoo"이라고 엽서를 보냈다. 스털링의 작품이 위치하게 될 자리 근처에는 헨리 리처드슨의 세버 홀 Sever Hall이 있고, 찰스 맥킴의 로빈슨 홀 Robinson Hall, 기 로웰의 에머슨 홀 Emerson Hall, 쉐플리 불핀치의 포그 미술관이 있다. 또 바로 너머에 미국의 유일한 르 코르뷔지에의 건축물인 카펜

그림 9-4 맥킴이 설계한 하버드 대학 캠퍼스의 울타리와 게이트는 그 자체만으로도 훌륭한 건축이다. 특히 드렉슬러 게이트는 아기자기하고 예쁘다. 왼쪽 상단 사진같이 철문을 열고 들어가면, 벽돌 건물의 하부인 아치문이 나오고 그 너머에 하버드 야드가 있다. 학교에서 밖으로 나올 때는 우측 상단 모습인데, 하버드 대학이 하버드 스퀘어와 자연스럽게 소통하는 이유가 여기에 있다. 캠퍼스로 들어갈 때 보이는 문구는, "들어오라, 지혜의 자람을 위해". 캠퍼스에서 밖으로 나가면서 학생들이 야드에서 보는 마지막 문구는 "나가라, 그대의 국가와 그대와 같은 종류의 인간을 더 잘 섬기기 위해"이다.

그림 9-5 하버드 대학 새클러 미술관 주변의 배치도. A-하버드 야드, B-새클러 미술관, C-세버 홀, D-로빈슨 홀, E-에머슨 홀, F-포그 미술관, G-카펜터 센터.

터 센터가 있다.

　리처드슨의 세버 홀은 뒤에서 더 자세히 다루겠지만, 많은 미국 건축가들이 사랑하는 건축물이다. 내가 찰스 맥킴과 그의 건축을 다시 생각하게 된 계기는 1910년에 지어진 뉴욕의 펜 스테이션인데, 애석하게도 이 건물은 1963년 해체되었다. 건축물을 짓고 부수는 것은 어찌 보면 당연한 것이다. 생명을 다한 건축물은 시대의 요청에 따라 증축, 개축을 통해 다른 모습으로 바뀌기도 하고 지워지기도 한다. 세계의 수많은 건축물은 그렇게 잊혀 가지만, 그 중 몇 개는 사진이나 도면으로 남아 다른 건축가의 상상력을 자극한다. 내게 펜 스테이션은 바로 그런 곳이다.

　보자르식 건축은 유럽에서 온 양식이었고, 20세기 초에는 이미 모더니즘이 태동하던 시기였으므로 미국 건축가들이 보자르식을 보는 눈은 찬성과 반대 양진영으로 팽팽히 나뉘져 있었다. 결국 하버드 대학의 지크프리트 기디온 Sigfried Giedion과 발터 그로피우스 그리고 시카고의 미스 반데어로에가 집권하면서 보자르식 건축은 지난 시대의 유물로 여겨지게 되었고, 펜 스테이션 같은 걸작도 사회적으로 그 가치를 인정받지 못해 결국 해체되고 만다. 그러나 펜 스테이션 해체로 뉴욕에서는 건축물 보존 운동이 활발하게 일어났고, 그로 인해 그랜드 센추럴 스테이션은 해체 위기에서 벗어났다.

　펜 스테이션은 두 개의 방을 가지고 있었다. 하나는 중앙 대합실이고 다른 하나는 콩코스이다. 중앙 대합실은 돌의 방이고, 콩코스는 철의 방이다. 뉴욕에서 필라델피아나 시카고로 가는 사람들에게 이곳은 지금의 국제 공항 만큼이나 설레는 장소였다. 기차의 출현으로 도시 간 거리는 짧아졌고 도시화는 가속화되었다. 미국 농업지대에서 생산된 농산물들이 시카고에서 기차를 타고 뉴욕으로 바로 배달되었다. 물류 교통의 꽃으로 급부상하게 된 기차역은 자본주의 상징이자 꽃이었

그림 9-6 뉴욕 펜 스테이션. 왼쪽 사진은 중앙 대합실로 가운데 도면의 파랑색으로 칠한 부위이다. 도면의 빨간색 부분은 중앙 콩코스로 우측 사진이다.

다. 돈과 사람이 이곳에 몰렸고, 왕궁에서나 볼 수 있는 엄청난 규모의 건축 기술과 건축가의 재능이 이제는 기차역에서 발휘됐다. 19세기 말 인상파 화가들이 너나 할 것 없이 기차역에 빠진 이유도 여기에 있었다.

이 두 방은 그런 역사적 인식을 일깨워주는 공간인 동시에 보자르식 건축도 찰스 맥킴의 손에서는 모더니즘에 버금가는 최고의 양식으로 태어날 수 있다는 사실을 알게 해주었다. 돌 방의 천장과 철 방의 천장은 다음과 같은 질문이 들게 한다. "어떻게 돌과 철로 저렇게 넓은 공간을 가로지르는 방을 지을 수 있었지?" 같은 구조적 질문을 품게 한다. 두 방 모두 당대 최고 기술자들이 총동원되어 역학의 속성과 재료의 물성을 극한까지 밀고 나가 만들어낸 방이라는 사실은 일반인도 쉽게 알 수 있다. 어느 시대든 당대의 건축 재능을 총집결해서 완성한 역사적인 건축물은 언제, 누가 봐도 찬란하다. 역사는 잔인해서 한 점을 찍지 못한 세대는, 한 점을 찍은 이전 세대나 한 점을 찍을 이후 세대에 묻어 기록해 버린다. 찰스 맥킴의 두 방은 분명히 역사에 점을 찍은 위대한 건축물이었다. 내가 이 사진만 봐도 가슴이 뛰는 이유는, 이제는 영원히 밟을 수 없는 곳이 되었기 때문이다.

찰스 맥킴의 작품이지만 펜 스테이션과 달리 하버드 대학 로빈슨 홀은 마음을 차분하게 한다. 대작을 만들어낸 손놀림이 로빈슨 홀에서는 어떤 이유에서인지 제대로 발휘되고 있지 않다. 로빈슨 홀보다는 정원 건너편에 있는 에머슨 홀이 더 낫다고 생각된다. 어쩌면 나의 종교적 편파성이 낳은 결과인지도 모른다. 에머슨 홀 현판에는 이렇게 기록되어 있다.

"What is man that thou art mindful of him."
사람이 무엇이관대 주께서 저를 생각하시며.(시편 8:4)

다윗이 하나님의 크시고 아름다운 창조의 세계를 예찬하며 지은 시 속에 삽입된 문구이다. 아마도 시편 8편을 선별한 이유는 철학이란 본디 창조의 행위

그림 9-7 뒤로 보이는 건축물이 에머슨 홀이고 앞에 보이는 건축물이 세버 홀이다.

이기 때문일 것이다. 그중에서도 인간론과 신론이 집약된 본 문구를 내건 데는 지금은 많이 세속화되었지만 당시 하버드 대학의 비전이 '주님과 교회의 진리를 위해'라는 점을 상기시킨다.

'인간이란 무엇인가'라는 굵직한 질문에, 시인이자 왕, 신학자였던 다윗은 자기 밖에 존재하며 자기보다 더 큰 하나님을 통해 인간 존재의 의미를 찾았다. 그는 광야에서, 또 전쟁터에서 보호받고 있는 자신을 발견하게 되었고, 한치 앞을 바라보지 못하는 처량한 상황에서도 누군가가 끊임없이 자기를 지켜보고 있고, 자기의 삶을 이끌고 있다는 사실을 이 문구에 응축시켰다. 이곳으로 유학을 와 타지에서 근무하고 있던 나는 사무소의 장기 근속자로서 후배들을 위해 일거리를 구해 와야 하는 입장임에도 불구하고 그러지 못해 항상 불안하고 답답했다. 그때마다 에머슨 홀 현판 문구를 보고서 위로를 받았다.

시편 8편을 현판으로 내건 사람들에게 필요한 건축은 무엇일까? 세상은 언어에 의해 창조되었고, 언어가 오염되지 않도록 수호하고, 언어의 틀을 끊임없이 재창조하는, 그리하여 인간 사고의 틀을 끊임없이 팽창시켜 커뮤니티에 활력을 불어넣고 세계를 밝고 보편적으로 이끌려고 애쓰는 집단에게 필요한 건축은 무엇일까? 아마도 그것은 요란하지 않을 것이다. 그것은 혼돈도 무질서도 아니며 누구나 쉽게 수긍이 가는 간단함이자 누구나 인정할 수 있고 그 속에 들어갈 수 있는 질서일 것이다.

건축가 기 로웰은 현판에 걸맞은 건축물을 완성했다. 그의 집은 네모반듯하며, 기둥을 도드라지게 표현했다. 2층까지 큼직하게 올라간 기둥들은 석회로 마감되지 않은 채 벽돌의 투박한 질감을 그대로 드러냈다. 창과 문은 넓고 높으며 곧은 선으로 밋밋함을 드러냈다.

에머슨 홀은 하버드 대학 철학과 교수이자 미국의 큰 사상가였던 랠프 에머슨

그림 9-8 롱샹 성당 남쪽 벽면.

그림 9-9 A는 하버드 대학 교수 식당인 패컬티 클럽, B는 포그 미술관이다. C는 퀸시 스트리트, D는 프레스콧 스트리트다.

의 이름을 따서 지었다. 그의 사상과 문장은 르 코르뷔지에의 롱샹 성당만큼이나 아름답다. 나는 대학교 3학년 때 후배와 함께 롱샹 성당을 방문한 적이 있다.

롱샹 성당을 보고서 나는 앞으로 전개할 내 건축의 첫 번째 명제를 세웠다. "건축, 그것은 빛으로 거듭난다." 그 후, 나는 르 코르뷔지에의 평면을 유심히 보는 습관이 생겼다. 그의 건축이 5원칙을 통해 고전주의와 결별하고 모더니즘을 연 사실은 잘 알려져 있다. 그러나 나는 언제나 그의 건축에 내재하고 있는 보이지 않는 차원의 빛의 흐름에 주목하고 싶다.

아마도 에머슨의 에세이를 통해 전해지는 문장과 문체가 나를 사로잡는 이유는 그의 글이 르 코르뷔지에의 롱샹 성당 남쪽 벽면 개구부를 통해 들어오는 빛의 협주와 같아서일 것이다. 에머슨의 글은 빛 안에도 일곱 가지 색이 결을 달리하며 아름답게 나올 수 있다는 사실을 알려주는 프리즘과 같다. 그래서 그의 글은 쉽게 마침표를 찍지 않고, 쉼표로 연이어 달려가 말 한마디로 잡혀지지 않는 현상에 대해 묘사하려고 애를 쓴다. 그의 글을 읽는 이도, 쉼표를 하나 둘씩 지나갈 때마다 감정이 고조된다. 하지만, 에머슨의 글이 롱샹 성당 남쪽 벽면을 닮은 진짜 이유는 아름다운 현상 뒤에 숨은 자연의 원칙과 일상의 지혜가 있기 때문이다. 롱샹 성당 남쪽 벽면의 아름다운 빛의 현상 뒤에는 수년간 여행을 통해 르 코르뷔지에가 익힌 이전 시대 빛의 대가들이 만든 걸작들을 통해 깨우친 건축술의 지혜가 녹아 있고, 황금 분할 modular form이라는 인체 비례 안에 숨겨진 '수학적 원칙'이 있다. 에머슨은 「예술」이라는 에세이에서 다음과 같이 서술하고 있다.

"나는 어려서 이탈리아 그림의 훌륭함을 들었던 것을 기억하고 있다.
나는 위대한 그림은 낯섦으로, 때로는 놀라운 색과 형상의 조합으로,

이국적인 경이감으로, 투박한 진주와 금으로, 군대의 창과 깃대와 같이, 마치 어린 남학생의 상상력과 눈에 비춰지는 장난처럼 다가오리라 상상했다. 나는 내가 알지 못하는 바를 보고 습득하려 했다. 마침내 내가 로마에 당도하여 그렇게 보고 싶었던 명작들을 직접 보게 되었을 때, 천재들 속에서 초보자들이 발랄하고 기발하며 뽐내는 모습, 그리고 그것들이 단순함과 진실함으로 관통하고 있었으며 또한 익숙함과 진지함으로, 그리고 그것들이 아주 오래 되었으며 내가 여러 가지 모양으로 만난 영원한 진실임을, 그것들에 의해 나는 살았고, 그리고 그것들이 바로 내가 그렇게 잘 알고 있는 평범한 너와 나라는 점을, 수많은 대화형식으로 고향에 남겨두고 온 것임을 발견하게 되었다."

에머슨은 천재들의 작품 속에서, 그들의 유쾌하고 발랄한 색깔과 모습 속에서, 예술작품이라는 현상의 위대함을 인식하는 동시에 그것이 지닌 내재율은 바로 너와 나의 대화 속에 숨겨진 현실의 모습을 본 것이다. 그는 명작에는 바로 일상의 진리가 흐르고 있다는 점을 발견한 것이다.

르 코르뷔지에의 카펜터 센터

젊었을 때 르 코르뷔지에 사무소에서 근무했던 호세 루이스 세르트는 카펜터 센터가 디자인될 무렵에는 이미 하버드 건축대학 학장으로 세계 건축계에 막강한 영향력을 행사하고 있었다. 세르트는 스튜디오 프로젝트 주제로 아트센터를 선정했고, 카펜터라는 이름의 학생이 아

그림 9-10 카펜터 센터 내부 모습.

버지를 설득해 1963년도 당시 150만 달러를 기부받았다. 이 돈으로 세르트는 노년의 르 코르뷔지에에게 아트센터 프로젝트를 맡기게 된다.

  76세의 르 코르뷔지에는 벽돌로 가득한 하버드 캠퍼스에 콘크리트 건물을 세운다. 그것도 세계적인 석학 하버드 교수 패컬티 클럽 바로 옆이다. 보스턴이 전통으로 생각하고 자랑스럽게 여기는 붉은 벽돌색 속에 세운 하얀 콘크리트 건물이었다.

  하버드에 와서 처음 본 건축물이 바로 카펜터 센터였다. 하늘에서 바라보면 마치 사람의 귀모양처럼 생긴 이 건물의 두 동 사이에는 경사로가 있다. 이 경사로는 퀸시 스트리트와 프레스콧 스트리트를 이어주는 다리 역할을 한다. 퀸시 스트리트에서 시작해 삼층 높이까지 경사로를 올라가면 무뚝뚝했던 콘크리트 벽면들이 갑자기 전면 유리벽으로 바뀌며 건물 내부에서 진행되는 학생들의 워크숍이 한눈에 보인다. 경사로의 정점에서 내려가며 보이는 실내의 창작 활동은 르 코르뷔지에의 건축이 드러내고자 하는 모더니즘 건축 공간과 맞물려 별 생각 없이 시작한 걸음을 활기차게 바꾼다.

건물 안으로 들어서면 놀라지 않을 수 없다. 르 코르뷔지에는 기하학과 빛을 다루는 솜씨가 신출귀몰하다. 귀 모양으로 생긴 벽면을 따라 생선 비닐처럼 얇은 벽체들이 서 있다. 유선형 벽면의 곡률 변화에 따라 수직으로 서 있는 지느러미 벽체들 간격이 변한다. 르 코르뷔지에의 유명한 조개껍질 그림을 연상시키는 유선형 벽면은 문을 열고 안으로 들어가면 갈수록 급해지는 곡률로 더욱 감긴다. 이에 따라 지느러미 벽체 간격도 안으로 들어가면 갈수록 좁혀진다. 지느러미 벽체 위로 떨어지는 직사광선과 그림자도 비례하여 다급해진다. 지느러미 벽체의 그라데이션이 빛의 그라데이션으로 치환되며 공간은 급격히 생동감 있게 변한다. 르 코르뷔지에는 수학적 원칙 안에 투시의 원칙이 있고 빛의 원칙이 있다는 사실을 어떻게 터득하여 자유자재로 운영했는지 경이롭기만 하다. 멋모르고 문을 열고 들어온 사람은 이 벽체의 흡인력에 빨려 들어간다. 끝에 도착하면 천장에서 원형의 창을 통해 훨씬 강렬한 빛이 집중적으로 쏟아진다.

르 코르뷔지에는 기둥 위로 보여야 하는 보를 다 지워버렸다. 슬라브만 기둥 위에 사뿐히 얹었다. 르 코르뷔지에는 창문을 잡고 있어야 하는 철제 창틀도 지워 버렸다. 21세기 초반에 보아도 믿기 어려운 두께의 콘크리트 벽체와 가느다란 기둥이 서 있다. 르 코르뷔지에의 추종자들은 많았으나, 그의 기하학과 빛을 다루는 솜씨, 그의 콘크리트 디테일을 다루는 실력은 스쳐 지나가 그의 신봉자들은 미지근한 태도로 미완의 근대주의를 전파했다.

보수적인 보스턴 건축가들에게 카펜터 센터는 담쟁이 넝쿨을 걸친 벽돌 건축물에 대한 몰이해요, 거리에 대한 반역이었고, 조용한 동네에 벌어진 스캔들이었다. 붉은색 동네에 생뚱맞게 떨어진 카펜터 센터는 엄청난 백색이었다. 카펜터 센터는 주변의 다른 벽돌 건축을 시대의 요청에 민첩하지 못한 건물로 만들었다.

르 코르뷔지에의 지지자들은 백색으로 보스턴의 붉은색을 쫓아내고자 했다. 물론 벽돌을 고수하고자 했던 보존주의자의 반발도 만만치 않았다. 추종자들에게 카펜터 센터는 르 코르뷔지에 건축이 60년간 주장했던 수많은 쟁점들의 집약이었다. 그의 추종자들은 평평한 지붕을 주장한 그의 초기와 '브리이즈솔레일Brise-Soleil, 햇볕을 가리기 위해 건물의 창에 댄 차양'이라 부르는 차양이 되는 깊이 있는 창을 주장한 중기와 '노출 콘크리트Béton brut'라 부르는 거친 노출 콘크리트를 주장한 그의 말기가 카펜터 센터 안에 모두 담겨 있다고 감탄했다.

카펜터 센터는 보수적인 보스턴 건축계에 근대 건축 혁명가 르 코르뷔지에가 직접 꽂은 깃대였다. 그것은 조망밖에 모르는 창문에 리듬을 보여준 건축이었고, 계단밖에 모르는 현관에 경사로를 보여준 건축이었고, 네모난 동네에 선보인 유선형의 건축이었으며, 적색 동네에 던져진 눈부신 백색이었다.

제임스 스털링의 새클러 미술관

건축의 거장 르 코르뷔지에는 기행의 중요성을 다음과 같이 표현했다. "건축을 사진에 담으면 사진에 남지만, 건축을 스케치에 담으면 사람의 마음에 남는다."

세상에는 너무 많은 건축이 있어 이를 다 본다는 것은 세상에 있는 모든 책

그림 9-11 새클러 미술관. 하단 오른쪽 사진은 박물관 중앙의 계단실로 전시실과 연결된다.

을 다 읽겠다는 것같이 무모하다. 따라서 제한된 시간과 재원 안에서 검증된 작품만 찾아가서 볼 수밖에 없다. 세계적인 공모전에 당선되었거나 스타급 건축가가 디자인했거나 저명한 건축 잡지나 유명한 비평가나 동료들이 평가하는 작품을 골라서 찾아간다. 물론 사진보다 못한 실제 모습을 보고 실망할 때도 있지만, 아주 가끔씩 사진은 도저히 담을 수 없는 건축물을 만날 때가 있다. 또 이보다 드물게 보는 사람의 마음을 송두리째 흔드는 작품이 있다. 앞서 언급한 스티븐 홀이 판테온에서 느낀 감동 같은 것이다. 이런 체험을 기록하고 분석하는 일이 많아지면, 자신도 모르는 사이에 자기만의 소리를 찾는다. 건축가는 자기만의 소리가 필요하다.

스털링의 작품은 건축은 도시와의 관계 속에서 정의되어야 함을 얘기한다. 그는 건축을 주변과 무관하게 홀로 서 있는 사물로 여기지 않았다. 그는 건축을 세우기 전에 도시를 위한 길과 광장을 만들었다.

새클러 미술관 내부로 들어가면, 도시를 위한 외부의 길과 광장이 내부의 천장 경관과 평면 구획을 지배한다. 르 코르뷔지에의 롱샹 성당에서 내부의 빛 우물이 외부를 강하게 주장하는 조형이었듯이, 스털링의 새클러 미술관에서는 외부의 길과 광장이 내부를 강하게 규정하는 사물이었다. 사실 아이들이 가지고 노는 레고 블록같이 다소 우습게 보이는 원통형 실린더들이 일차원적으로 보일 것 같았는데, 그것은 착각이었다. 스털링은 블록 자체에 관심을 가졌다기보다는 블록과 블록 사이가 만들고 있는 틈새 공간에 집중해서 역동성을 획득했다. 모더니즘 공간과 포스트모더니즘 표상이 혼재하고 있었다.

작은 규모의 박물관을 커 보이게 만들고 싶었던 것일까? 내부는 보라색과 베이지색이 번갈아 얼룩말처럼 펼쳐지는데, 웅장한 로마시대 폐허에서나 볼 수 있는 돌과 돌 사이의 넓은 줄눈 간격이었다. 마치 초가삼간을 지으며 왕궁 건축과 같이 장대한 건축의 스케일을 빌려다 쓴 것 같았다. 대단히 유명했던 청나라 시대 조경가 심복沈復은 저서 『부생육기浮生六記』에서 아주 협소한 곳을 넓어 보이게 하려면 아주 넓은 사물을 아주 좁은 곳에 두라고 가르쳤다.

우리나라의 좁은 'ㅁ'자형 한옥이 좁아 보이지 않는 이유도 마당이 하늘을 빌려오기 때문이다. 아무래도 스털링은 이 원리를 알고 있었던 것 같다. 그의 작은 박물관은 드넓은 하늘을 담아냈고, 줄눈은 넓게 지었다. 이곳에서 스털링의 길은 고전을 회상하는 기억장치로서의 길이었고, 폐쇄공포증을 없애주는 길이었다. 그것은 시간의 길이었고, 스케일의 길이었다. 나는 건축의 불변하는 힘 중에 하나가 바로 이 두 가지라고 생각한다. 건축을 통해 인간은 시간 여행을 떠나고, 건축을 통해 인간은 팽창하는 우주를 체험한다.

피터 워커의
태너 분수

MIT 교정이 보자르식인 반면, 하버드 교정은 조지안 양식이다. 아기자기한 벽돌 건물의 전통을 존중하며, 나머지 공간을 정성스레 디자인한 조경이 특징이다. 나는 점심시간마다 하버드 야드를 공원 삼아 걸었고 건축물을 감상했다. 하버드에서 가장 훌륭한 것을 꼽으라고 한다면, 나는 야드와 캠퍼스 울타리, 조경을 꼽고 싶다.

"뚫림이 막힘을 승한다"라는 말이 적용될 수 있는 건축 조경적 장치가 하버드 야드와 찰스 맥킴이 디자인한 울타리다. 영역을 구획하되 끊임없이 야드의 녹음을 밀어내고 하버드 스퀘어의 활기를 끌어당기는 이 울타리는 개별적 건축을 이어주는 매개체다. 야드와 울타리의 정신과 물리적 내용을 축소하여 은

그림 9-12 태너 분수. 피터 워커가 디자인한 것으로 2008년도에 조경협회상을 수상하기도 했다.

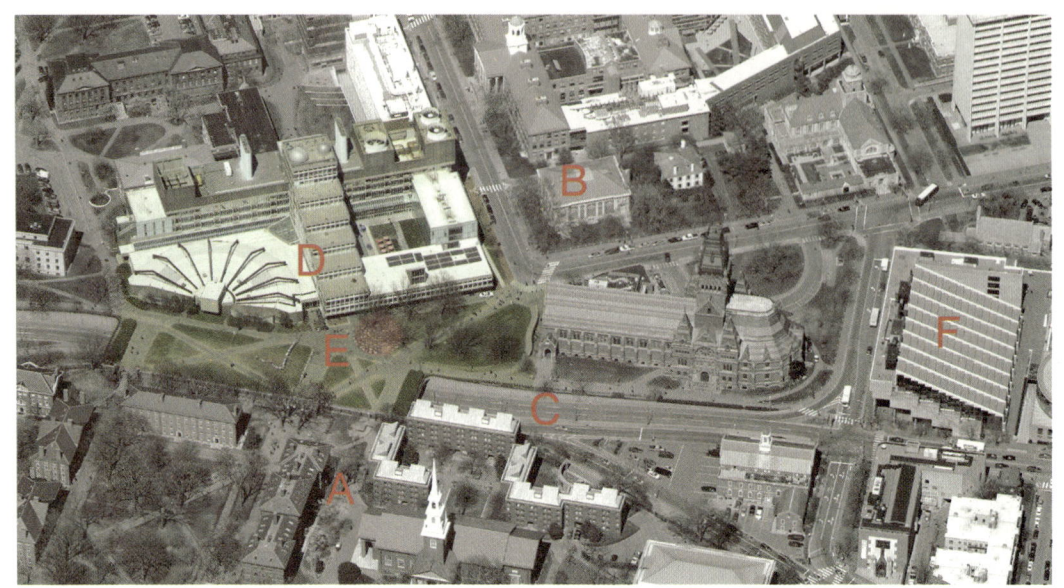

그림 9-13 A 하버드 올드 야드, B 노스 캠퍼스, C 캠브리지 스트리트, D 사이언스 센터, E 태너 분수, F 하버드 건축대학 GSD이다.

유적으로 표현한 작품이 있다. 사이언스 센터 옆에 있는 피터 워커의 작은 돌 분수다. 분무되는 물소리가 먼저 디자인 영역을 나누고 얇은 입자들이 뭉쳐 물방울이 되어 돌을 적시고, 돌을 타고 내려오는 물이 흐른다. 물의 배수를 위해 땅이 적당한 기울기를 가지고 있다.

피터 워커가 디자인한 이 돌 분수의 이름은 태너 분수Tanner Fountain다. 사진에서도 보이듯 하버드 대학은 올드 야드에서 시작되었고, 이곳은 건축적, 조경적 아름다움으로 사람들의 발길이 끊이지 않는다. 올드 야드의 건축적 정신을 새롭게 팽창하는 캠퍼스에도 계승하려는 노력은 계속되고 있다.

그림 9-13을 보면 올드 야드와 노스 캠퍼스를 연결하는 시도는 1970년도에 캠브리지 스트리트를 지하로 옮겨 녹지가 연결되게 하는 작업에서 시작되었다. 이후 사이언스 센터가 들어서게 되고, 그 앞에 태너 분수가 디자인되었다.

도로를 지면 밑으로 내리는 토목공사, 호세 루이스 세르트가 디자인한 사이언스 센터, 그리고 그 앞에 직경 18미터 원에 돌 159개를 무작위로 앉힌 태너 분수까지. 세 개의 서로 다른 작업이 합쳐져 올드 야드와 노스 캠퍼스를 연결하는 접점이 되었다. 그중 가장 강력하게 사람들을 끌어모으는 장소는 태너 분수다. 버클리 대학을 졸업한 피터 워커는 하버드 대학원에 들어가 조경학의 거목이었던 히데오 사사키에게 사사했다. 그러나 그는 스승의 논리력보다 자신의 직관을 믿으며 작업했다.

피터 워커의 돌은 시원적始原的이다. 그의 돌은 저명한 조각가 이사무 노구치의 조각같이 오래된 과거와 먼 미래의 모습을 동시에 지니고 있다. 그의 분수는 주변을 옅은 물소리로 덮고, 적당한 습도로 주위를 적시고, 떨어지는 빛을 무지개로 환원한다.

동물적인 감각의 힘으로 디자인의 본영을 새롭게 하는 피터 워커의 작업, 그것은 창조의 세계는 수학의 세계보다 예술의 세계와 가까움을 일깨워준다. 물리적인 형태로 우리의 몸을 시원하게 하고, 우리의 의식을 일깨우는 작업, 옆에 앉아 있기 편안하고, 앉아 있으면 반드시 심연의 세계로 빠져드는 장소. 이를 가능하게 한 힘이 바로 워커의 직관적 디자인이다. 다듬어진 직관의 힘, 그것은 정말 놀랍다.

헨리 리처드슨의
세버 홀

미국에서 가장 인기 많은 건축물 100선 같은 여론조사 결과를 보면, 톱 10에 리처드슨의 건축물이 세 개나 들어간다. 보

그림 9-14 헨리 리처드슨이 디자인한 세버 홀.

스턴 코플리 스퀘어의 트리니티 교회당은 미국 건축사를 다루는 어느 교과서에도 빠지지 않고, 그의 에임스 게이트 로지Ames Gate Lodge도 사랑을 많이 받는 건축물이다. 하버드 대학에는 리처드슨의 건물이 두 개 있는데, 하나는 세버 홀이고 다른 하나는 법대 도서관이다.

처음 보스턴에 왔을 때, 나는 하버드 건축과에 다니는 친구에게 하버드에서 반드시 봐야 할 건축이 무엇인지 물어 보았다. 친구는 르 코르뷔지에의 카펜터 센터와 리처드슨의 세버 홀이라 대답했다. 당시만 해도 트리니티 교회당을 보고 유럽의 교회당보다 한 수 아래라고 생각했던 나는 세버 홀과의 첫 대면에 밋밋한 마음이었다.

나에게 세버 홀은 외관만 강조하는 껍데기만 치장한 건물 같았다. 나는 리처드슨을 이해하지 못했고, 그의 건축의 훌륭함을 제대로 보지 못했다.

헨리 리처드슨을 얘기할 때 랠프 애덤스 크램을 빠뜨릴 수 없다. 크램의 건축은 고딕 지향적이었고, 리처드슨의 건축은 로마네스크 지향적이었다. 리처드슨의 건물은 두꺼운 반면, 크램의 건축은 날렵하다. 리처드슨의 건축은 땅으로 내려갈 것 같고, 크램의 건축은 하늘로 오를 것 같다.

크램은 프랑스의 원조 고딕보다 16세기 영국 고딕 양식에 매료되었다. 프린스턴 대학의 건축가인 크램은 옥스퍼드 대학과 캠브리지 대학의 고딕 양식은 대학 건축 양식으로 가장 적합하다고 생각했다. 크램은 다락방 같은 곳에서 건축을 시작했다. 작은방을 개조하는 것부터 시작한 그는 건축사사무소 운영을 위해서는 당시 수요가 가장 많았던 교회 건축을 해야 한다고 느꼈다. 그는 1850년대 고딕은 고딕의 정신을 제대로 담지 못한 복사물에 불과하다고 비판했다. 새로운 삶과 기술을 이용한 고딕을 다시 써야 한다는 점에서 그는 프랑스의 건축가 비올레르뒤크Viollet-le-Duc의 생각을 따랐다.

리처드슨의 교회당이 완성되자 크램은 이를 칭찬하며, 리처드슨의 건축은 로마네스크의 모방이 아니라 힘과 무게감이 있다고 칭찬했다. 나아가 남성적이고 생산적이고 힘이 있지만, 미국에서 지속성을 가지려면 그 이상으로 발전해야 한다고 주장했다. 그러면서 크램은 정제되고 섬세한 손길이 묻어나는 고딕은 미국의 새로운 건축으로 적합하다고 말했다.

세버 홀은 건물 중앙이 부풀어 올라 있다. 그리고 원통형 타워들이 건물 매스의 둥그스러움을 강조한다. 창 주변과 문 주변도 둥그렇게 돌렸다. 하버드 야드의 다른 건축물은 벽돌과 석재의 적절한 조합과 융합이 있는데 비해, 세버 홀은 벽돌 하나로만 완성한 단색의 건물이었다. 벽돌과 모르타르 색이 구분되는 것조차 싫었는지 모르타르의 색조차 붉게 했다. 재료와 색의 변화가 전혀 없는 세버 홀은 마치 거대한 벽돌을 조각해서 뽑아낸 조형물 같다.

리처드슨은 섬세하게 깎고 조각된 무려 60가지의 벽돌을 만들었다고 한다. 그렇다고 벽돌이 화려한 것은 아니다. 밋밋하지만 정성이 깃들여 있고, 편안하지만 섬세함이 있다. 하나로 읽히기를 고수하는 리처드슨의 벽돌 사용은 전체를 존중하는 부분으로 차 있다.

건축계 포스트모더니즘의 창시자 로버트 벤투리 Robert Venturi 역시 세버 홀 앞에서 압도되었다고 한다. 그는 미국에서 가장 좋아하는 건축물이 세버 홀이라고 밝혔다. 이 말로 보스턴 건축계는 한때 자부심이 넘쳤다. 심지어 그의 지인들조차 그에게 전화를 걸어 무엇이 그렇게 좋은지 물어보았다고 한다. 벤투리의 답변은, 어느 시대에 봐도 아름다운 외관과 변하는 시대의 가치에 맞게 유연한 내부라고 했다.

세버 홀의 비밀은 해가 지면서 시작된다. 지식의 설전이 한참 펼쳐지는 중에 교실의 백열등이 하나둘씩 켜진다. 리처드슨의 그 유명한 띠창이 모습을 드러낸다. 하버드 야드의 다른 벽돌 건축물보다 빠른 속도로 비물질화가 일어난다. 너무 가벼워 보여 땅 위에서 해방되어 흐르는 것 같다. 창틀 주위의 볼록한 원형 처리가 빛을 분산시켜 흐르는 느낌을 더해준다. 어두워질수록 착시 속도는 빨라져 밤바다에 떠 있는 선박 같은 느낌으로 건물이 다가온다.

그림 9-15 왼쪽은 리처드슨, 오른쪽은 크램의 초상이다.

나는 오랫동안 이 착각이 나만의 것인 줄 알았다. 그러나 《뉴요커》의 건축평론가 폴 골드버거Paul Goldberger가 나와 비슷한 착각에 빠진 사실을 알게 되었다. 하버드 건축학과 교수 라파엘 모네오 역시 같은 착각에 빠진 사실을 나중에 글을 통해 알게 되었다. 여기에서 크램이 내린 리처드슨에 대한 판단은 틀렸다. 보기에는 크램의 건축은 가벼워 보이고 중력의 구속을 벗어나는 것 같다. 리처드슨의 건축은 땅에 닻을 내린 부동의 물체로 보인다. 크램이 보지 못한 세계는 밤의 리처드슨 건축이었다. 형태의 테두리가 지워지자 내부의 빛이 앞으로 나오면서 부푼 볼륨감이 무중력 상태의 몽롱함을 가속화시킨다. 그러면서 세버 홀은 잔잔한 지식의 물결을 일으키며 앞으로 나아간다.

하버드 대학
포그 미술관

하버드 대학은 그 명성에 걸맞게 많은 미술

관을 보유하고 있다. 올드 캠브리지에 위치한 퀸시 스트리트는 하버드의 미술관 길이라고 불릴 만하다. 우선 포그 미술관이 있고, 부시-라이징거 박물관Busch-Reisinger Museum, 새클러 미술관이 있다. 포그 미술관은 이중 가장 오래된 곳이다.

조지안 양식은 붉은 벽돌 위주로, 청교도의 검박함이 디자인에도 영향을 미쳤다. 따라서 하버드의 건축물은 장식이 과감히 생략되었다. 포그 미술관 외관은 조지안 양식이지만 내부는 르네상스 양식이다. 붉은색 벽돌을 보며 안으로 들어갔다가, 하얀 대리석 코트야드와 대면하는 것은 신선하다. 재료의 갑작스런 변화와 양식의 급격한 차이가 충격적이다. 불에 구워서 만든 빨간 벽돌과 땅속에서 오랜 압력과 온도로 변한 대리석이 빚어내는 대조다. 군데군데 조개껍데기들이 화석화되며 빚은 구멍들이 벽돌과 달리 오랜 시간의 흐름을 질감으로 느끼게 해준다.

이 박물관의 건축가 쉐플리 불핀치는 이탈리아 르네상스의 거장 안토니오 다 상갈로Antonio da Sangallo의 산 비아지오Church of San Biaggio를 실측하고 돌아와서 포그 미술관을 완성한다. 어찌 보면 그저 베껴 와서 세운 복사물이었다. 절충주의 양식이 풍미하던 보스턴의 세기 초 양상이었다. 그로피우스가 포그 미술관 옆에 있는 하버드 건축대학으로 오며 이 건물에 했을 비판이 선하다. 그에게 포그 미술관은 거짓 건축이고 버려야 마땅한 관행이었을 것이다.

지금은 이런 양식적 구분이 무의미해질 만큼 시간이 흘렀다. 절충주의가 하나의 양식이었듯, 근대 건축도 하나의 양식으로 정의될 수 있다. 각 시대가 이전시대를 비판하며 새로운 시각으로 일어섰지만, 시간이 지나면 고착화된다. 도그마에 의해 빚어진 건축의 이념은 책 속에나 남아 있고, 건축물은 관념으로부터 벗어나 지금도 서 있다. 도그마의 유효성이 해제되면 건물은 순수한 물성

그림 9-16 하버드 대학 포그 미술관. 현재는 렌조 피아노의 증축 안으로 개축 중이다.

으로 존재한다. 바위에서 돌을 뜬 흔적과 석재를 깎아 가공한 실체만 남았다.

우유 빛깔 천장과 흑색의 바닥이 건물 안마당의 위와 아래를 만든다. 구름을 여과해서 나온 것 같은 우유빛 간접광 빛깔이 돌바닥이 전하는 무거운 색과 대조를 이루며 중정을 밝힌다. 3층으로 쌓아 올린 기둥이 서 있고, 그 뒤로 은은한 트래버틴Travertine 대리석의 표면이 공간의 격을 끌어올린다. 돌로 마감된 내부 공간은 사람에게 외투 같은 작용을 한다. 복식의 격으로 따지면, 트래버틴 외투는 왕의 금빛 곤룡포다. 트래버틴은 이탈리아 티볼리에서 나오는 돌로, 로마시대 황제의 궁전은 물론 그리스에서도 많이 사용되었다. 건축계에서 트래버틴은 클래식이자 최고급 자재로 여긴다. 작품의 깊은 뿌리를 보여주고 싶어 하는 거장들에 의해 많이 사용된다. 미스 반데어로에와 루이스 칸이 대표적으로 사용한 건축가로, 리처드 마이어Richard Meier 역시 많이 사용했다.

트래버틴은 치즈 덩어리처럼 구멍이 숭숭 나 있는 돌로 유명하다. 쇠 칼날로 자르면 비정형 구멍의 단면이 남는다. 트래버틴의 매력은 이 구멍에서 발산되는데, 갓 지은 건물도 구멍 덕분에 마치 세월의 풍화로 닳고 닳은 것 같은 착각을 불러일으킨다. 트래버틴은 지열로 데워진 뜨거운 물로 인해 만들어지는데, 로마의 콜로세움 건설에 사용되어 불멸의 고전이 되었다.

라파엘 모네오 건축과
그의 하버드 건축물

스페인의 건축가 라파엘 모네오의 아버지는 철학가였다. 어려서부터 모네오는 아버지에게 현상을 추상화하고 개념화하는 훈련을 받았다. 나의 직장동료인 산티아고 포라스 교수는 국립 마드리드 대학에서 모네오에게 사사했다. 그의 증언에 따르면, 모네오는 독서광이라고 한다. 모네오는 아침에 일어나면 정신이 가장 맑은 시간에 지적 자극을 줄 수 있는 독서를 한다고 한다. 스티븐 홀이 정신이 맑은 아침 시간에 사우나를 하고 수채화를 그리는 것과 대비가 된다.

모네오의 명성은 익히 들어 알고 있었지만, 나는 그의 강연을 직접 듣기 전까지는 그의 건축 방식이나 작품을 잘 몰랐다. 잔잔한 목소리에 알아듣기 힘든 발음이었지만, 그의 입을 통해 전해지는 건축 이야기는 신념에 찬 건축가가 전하는 소리였다.

그림 9-17 모네오가 디자인한 스페인 무르시아 시청 모습. 광장에 세운 하나의 벽면인 이 건축은 고전적이면서도 현대적이고, 무거운 돌로 지었으면서도 가벼워 보인다. 그것은 같은 돌이라도 로마 건축 아래 있었던 이탈리아와 이슬람 건축의 영향을 받은 스페인의 차이다.

그림 9-18 산 세바스찬은 아름다운 산과 물을 가진 곳이다. 바다를 향해 하나의 플랫폼을 세우고 두 개의 음악당을 빗겨 배치했다. 이는 직각의 도시 그리드에 가한 모네오의 파격적인 시도였다. 돌의 도시에 세운 유리 박스로서 육지에 정박하고 있되 바다를 지향한다. 밤이 되면 경사진 두 박스는 바다 위에 떠 있는 거대한 랜턴이 되고, 음악과 예술의 궁전이 된다.

모네오 건축의 가장 큰 특징은 대지와 재료에 대한 것이다. 그는 무르시아 시청에 대한 이야기를 시작하면서 다음과 같은 질문을 던졌다. "벨루가 추기경의 광장 같은 땅에 건축가는 어떻게 건물을 지어야 하는 걸까요?" 그것은 역사에 대한 질문이자 현재에 대한 질문이었고, 지속에 대한 질문이자 변화에 대한 질문이었다. "광장은 어떻게 새로운 용기로 거듭나야 하는가" 같은 에너지로 충만한 추상적 질문이었고, 동시에 거장들이 세운 빌딩 옆에 새로운 건물을 어떻게 세워야 하는가와 같은 구체적인 고뇌이기도 했다.

과거 건축물의 격을 떨어뜨리지 않으면서 현재의 건축술을 꼿꼿이 드러내는 방식, 그리하여 시간이 지나 미래가 되어도 그 자리가 통시적으로 어울리는 지속과 변화 틀로 읽히게 하는 디자인, 그것은 능동적인 질문이었다. 모네오는 무르시아 시청을 디자인함에 있어 건축의 오랜 주제인 파사드 디자인을 통해 역사, 광장, 건물의 문제를 모두 해결했다.

'무겁다'라고 느끼는 돌로 기둥을 높이고 기둥의 사이는 비례에 맞게 벌리고 기둥 위에 얹히는 하얀 돌을 얇게 하여 전체적으로 '가볍다'라는 느낌이 들게 했다. 돌의 무거움으로 돌이 가벼워질 수 있는 가능성의 문을 연 셈이다. 옆 건물과 어울리도록 루마쿨라lumaquela라 불리는 돌로 마감한 이 건물은, 과거의 돌이되 과거의 돌 속성을 벗어난 새로운 돌의 얼굴이었다. 파사드는 과거와 연결되어 있으면서도 과거와 달랐고, 과거의 닫힌 속성을 현재의 열린 속성으로 치환하고 음악적 리듬감을 주어 광장을 생동감 넘치게 만들었다.

쿠어살 음악당은 해변가에 들어설 음악당이었다. 바다와 직면하는 곳에 솟아오른 음악당, 이곳은 스페인 산 세바스찬 천혜의 자연조건과 몇 백 년에 걸쳐 세워진 해안가를 따라 이어진 주거지역을 아우르며 서게 될 건축이었다. 음악당이 요구하는 내부의 기능은 복잡했다. 모네오는 두 음악당 외에 다른 부속 시설은 모두 사라져야 한다고 강조했다. 그래서 일종의 거대한 기단을 세우고 그 위에 두 개의 음악당만 솟아올라 있기를 바랬다.

바닥은 건축에 묘한 작용을 한다. 건축가 일부는 건물이 땅 위로 솟아오른 땅이기를 바라며 땅의 일부로 유기적인 관계를 맺고 건물이 마치 자연의 일부인 것처럼 보이기를 바라는가 하면, 다른 한 부류는 바닥이 자연과 분리되어 세워지기를 바란다. 이들은 자연 위에 인공의 땅을 세운다. 자연을 모체로 여겨 바닥을 그 품 안으로 들어가게 하기보다는 건축을 자연의 품 밖으로 나오게 한다. 인간의 의지를 귀소본능의 자연보다 위에 둔다. 모네오의 건축은 의지로 차 있다.

그림 9-19 웰즐리 대학에 있는 모네오의 데이비스 박물관. 초록색 부분이 1955년도에 완공된 폴 루돌프 예술학부 동이다. 그 앞 광장이 대학 중심이다.

큰 음악당과 작은 음악당이 서로 빗겨가며 경사지게 세워졌다. 어두운 밤 바다에서 바라보는 두 경사진 입면체는 무한히 펼쳐지는 자연 위에 솟은 인공물로 박스의 가파른 생김새가 마주하며 묘한 긴장을 일으켰다. 건물의 껍질은 이중유리로, 바깥은 오목의 유리패널이 띠를 이루며 아래로 내려오게 했다. 지칠 줄 모르는 파도 위에 파도처럼 건물의 오목 유리패널은 물결을 쳤다.

모네오는 건축을 배우는 학생의 입장에서 매우 이상적이고 고무적인 건축가이다. 그는 건축 교육에 힘쓰고, 자신의 건축을 디자인하며, 디자인된 건축물을 철학화해 사물로 빚어진 생각을 만들었고, 생각으로 빚어진 사물을 조직했다. 그의 말과 돌은 깊었다. 그리고 이 둘은 각자 다른 자리에서 사람을 움직인다. 보스턴에도 모네오의 건축물이 두 개 있었는데 최근에 완공된 로드 아일랜드 디자인 대학Rhodes Island School of Design, RISD의 건물을 합하면 총 세 개다. 명문 사립 여대인 웰즐리 대학Wellesley University에 있는 모네오의 데이비스 박물관Davis Museum은 상당한 수작이다. 모네오 특유의 단순함이 있고, 저렴한 예산으로 매우 풍요로운 공간을 창출했다.

미국 대학교들이 학교 내 미술 소장품을 늘리기 시작하고 작은 박물관을 열기 시작한 시점은 20세기 초반 예술 학과들이 벌인 운동의 결실이었다. 웰즐리 대학의 경우 1995년도에 예일 대학 건축 학장이었던 폴 루돌프가 디자인한 쥬이트 아트센터Jewett Arts Center가 이에 해당한다. 이탈리아 소도시의 광장과 거리에 남다른 관심을 보였던 루돌프는 웰즐리에서 캠퍼스의 안뜰을 완성하는 건물이자 미래 캠퍼스의 확장을 염두에 둔 건물을 세웠다. 기존의 네모반듯한 캠퍼스와 달리 조경가 옴스테드에 의해 초석이 놓인 이 캠퍼스는 와반 호수가에 흩어지고 유기적으로 복잡한 땅의 생김새를 따라 완성되었다. 루돌프의 건축은 웰즐리 캠퍼스 전통을 이해한 건축이었다.

모네오 또한 루돌프의 정신을 계승하여 예술품을 소장하는 박물관이되 가깝게는 루돌프의 예술학동 건물과 관계 맺고 멀게는 옴스테드의 캠퍼스와 하나가 되길 원했다. 모네오의 데이비스 박물관은 루돌프의 아기자기한 외관과는 달리 우직하고 성채 같은 외관을 지녔다. 내부는 루돌프의 건축보다 단순하지만 풍부했다.

그의 건물은 평면적으로는 간단한 정사각형 전시실 중앙에 직사각형의 계단실을 넣은 형태이다. 전시실 앞뒤를 계단실로 나누고, 높이가 다른 모든 층을 계단실로 연결했다. 랜딩층계의 중간에 있는 좀 넓은 곳에서 네 갈래로 나뉘는 계단은 가위처럼 엇갈리며 한 공간에서 다음 공간을 여는 문이었고 움직임의 시퀀스를 조작하는 열쇠고리였다. 높낮이가 다르고 폭과 깊이가 다른 전시실을 이어주며 동시에 전시물 관람으로 피로해진 눈을 쉬게 해주는 장소였다.

어두운 돌바닥에 주황빛 나무 벽으로 마감된 계단실 내부는 벽 상부에 빛이 달려 있어, 바닥은 어둡고 천장은 밝아 목적지까지의 발걸음을 설레게 했다. 쉬어야 하는 랜딩에서는 석고보드로 마감 된 밝은 전시공간들이 보인다. 위로 올라갈수록 인류 예술사를 거슬러 올라간다. 맨 위층에는 희랍시대 예술품이 진열되어 있고, 톱니 모양의 천장을 통해 자연광이 쏟아진다.

모네오의 건축은 사색적이다. 생각이 빚어낸 건축이다. 그의 초기 마감재는 경제적인 자재였다. 모네오는 동문이 기증한 기부금과 예술품을 넣기에 알맞은 박물관을 웰즐리 대학에 선사했다.

모네오의 작품이 하버드 대학에 들어서게 된다고 했을 때, 나는 흥분했다. 건물의 기능이 연구시설이라고 듣자마자 나의 관심은 더 커졌다. 보스턴에서 10년째 과학 연구시설만 디자인해 온 나는 '과연 모네오의 건축이 이 시대 최첨단 지식 생산소인 사이언스 테크놀로지 센터로 적절한 건축을 지을 수 있을까'

그림 9-20 데이비스 박물관 외관과 꼭대기 전시실 내부. 톱니 모양의 천장을 통해 내부로 빛이 쏟아진다. 아래 사진을 보면 계단실의 일부가 보인다. 계단실은 네모난 입방체를 수평적으로 가르고 수직적으로 관통하며 세워져 있다.

그림 9-21 왼쪽 가장 위 사진은 배치도. 붉은색 부분이 모네오가 세운 과학동 파빌리온이고, 초록색 부분이 리모델링한 부분이다. 초록색 건물 아래 'ㅁ'자형 마당을 가지고 있는 건물이 사이언스 센터이다. 붉은색 파빌리온 부분을 보면 저층부가 세 개의 반원형 다리들에 의해 조경과 조경을 연결해주는 게이트 역할을 하고 있다.

하는 의문이 들었다.

결론부터 말하자면, 모네오는 이를 훌륭히 해냈다. 뿐만 아니라 학교나 연구단지에 들어서는 연구동 건물의 전형을 보여주었다고 해도 과언이 아니다. 하버드 대학은 건물을 짓기 전에 몇 년에 걸쳐 세심한 마스터플랜Master Planning, 기본설계을 한다. 그것은 보스턴의 전통을 계승하고 있고, 하버드의 전통을 지키면서 신축 건물을 짓자는 의지의 기준이기도 하다. 마스터플랜은 건물의 형상에 대한 기준보다 하버드 야드의 전통을 준수하는 내용으로, 유형의 건물보다 무형의 조경에 무게를 두는 기준이다. 모네오는 하버드 야드가 가진 유기적인 조직의 잔디 정원이 캠퍼스의 활력을 불어넣는 핵심 인자임을 알았다. 그리하여 그의 건축은 사이언스 센터와 앞으로 팽창해 나갈 북부 과학 캠퍼스의 연결로서 정의되길 원했다. 구하버드와 신하버드의 절점에서 대문이 되고자 했다. 이전의 과학동이 자기 충족적인 데 비해 모네오의 리모델링 프로젝트는 자기 헌신적이었다. 기존의 낙후된 과학동을 리모델링하고, 정원 아래 지하층으로 확장해 거의 버려지다시피 한 사이언스 센터의 북쪽 정원과 안마당을 연결하는 정원을 만들고, 일종의 게이트가 되고자 했다. 건물의 가장 중요한 부분을 자연에서 띄워 학생들의 흐름이 건물에 의해 방해받지 않도록 했다.

나는 이 공사 현장을 자주 방문했는데, 파빌리온의 외장재인 커튼월에 사용된 옅은 회색 톤에 눈이 갔다. 분명 돌 같기도 하고 바다 깊숙한 곳에서 끌어올린 보석 같기도 한 것이 신기했다. 낮 시간에 볼 때와 일몰 시간에 볼 때 모습이 달랐다. 궁금했던 나는 사무소에 돌아와 동료들에게 물어보았다. 모네오의 제자인 마리오 아반테가 내게 그것은 스페인에서 직수입한 돌의 일종인데, 평당 단가가 미국 제품보다 몇 배나 비싸다고 했다. 너무 비싸다는 말에 실망은 했지만, 돌의 아름다움이 실망조차 바꿔 놓았다.

정말로 마음에 든 점은 돌이되 다이아몬드 같은 보석이 아니라 마치 진주나 옥 같다는 점이었다. 하염없이 빨려 들어가게 하는 모습이 빛을 뿜어내는 돌이 아니라 빛을 머금는 돌이었다. 한눈에는 알아볼 수 없고, 시간을 두고 오래 보아야 깊이가 더해지는 점도 진주와 닮았다. 빛을 받아들이는 데는 수동적이되 한번 받아들인 빛은 은은히 머금으면서 뿜어내는 것이 멋스러웠다. 파빌리온을 지탱하고 있는 세 개의 반원형 콘크리트 덩어리들은 조경과 조경을 부드럽게 연결하고 있는 형태였다. 또한 이들의 기능이 지하층으로 자연광을 넣어주는 빛 우물 역할을 한다는 것도 분명했다.

공사를 지켜보는 내내 너무 과한 것 아닌가 하는 생각이 지워지지 않았다. 도대체 종교시설도 아니고 문화시설도 아닌 연구시설에 이렇게 많은 저층부 공간을 할당해 소량의 빛을 아래로 내려 보내기 위해 어마어마한 콘크리트를 쏟아부을 필요가 있었을까 하는 의문이 들었다. 그런데 놀랍게도 건축의 가치는 그곳에 있나 보다. 경제적인 관점 혹은 기능주의 관점으로는 도저히 설명이

그림 9-22 위 사진은 사프디의 1967년 몬트리올 박람회 하비타트, 아래는 풀러의 지오데식 돔이다.

안 되는 부분은 시간을 초월하는 힘이 있다. 이런 건축은 처음에는 무모해 보인다. 분석적인 관점과 기능주의 관점은 어쩔 수 없이 한 시대의 효용과 효율 안에 갇힐 수밖에 없다. 그러나 건축은 사람보다 수명이 길다. 한 번 지어지면 건축은 우리 세대의 것이 아니다. 건축은 모든 세대의 것이 된다. 세대를 관통하는 보편성은 때로는 이 세대의 반-기능이 다른 세대의 순-기능이요, 이세대의 반-효율이 다른 세대에 순-효율이 될 수 있다는 점이다. 건축가는 한 세대의 속박을 넘어서는 비전을 항상 제시해야 하고, 설득해야 한다.

모세 사프디의 건축과
그의 하버드 건물들

건축가 모세 사프디Moshe Safdie는 보스턴에서 I.M. 페이 다음으로 많은 건축물을 남겼다. 아직도 그의 건축사사무소는 캠브리지 바로 옆 동네인 서머빌에 있다. 그는 하버드 대학 건축대학 교수로 건축가인 동시에 도시 설계가다. 그는 이스라엘에서 태어난 유대인으로 15세부터 캐나다에서 살았고, 1978년 보스턴에 합류했다. 유대계 캐나다인-미국인이라는 점에서 그는 MIT의 스타타 센터를 지은 프랭크 게리와 비슷하지만, 건축적 성향에서는 앞선 유대인 건축가 루이스 칸을 닮았다.

유대인 하면 먼저 떠오르는 인상은 무엇보다 예루살렘이다. 건조한 사막에 흙과 돌로 집을 짓고 두툼한 헝겊으로 온몸을 감싸고 텁텁한 둥그런 빵을 앉아서 쪼개먹는 모습이 떠오른다. 추운 지방 사람들과 달리 이들에게 빛은 받아들여야 하는 대상이 아니라 멀리 해야 하는 대상이었다. 창문보다 두꺼운 벽이 발달했고, 옆에서 바로 들어오는 빛보다는 위에서 은은하게 간접적으로 들어오는 빛을 선호했다. 루이스 칸의 건축과 그의 후예 모세 사프디의 건축이 얇은 막식membrane 건축으로 보이기보다 두툼한 벽식 건축으로 보이는 것은 바로 이 때문일 것이고, 하늘에서 떨어지는 빛을 옆에서 들어오는 빛보다 원하는 이유도 여기 있을 것이다. 1967년 몬트리올 박람회에서 리처드 풀러Richard Buckminster Fuller의 지오데식 돔과 사프디의 하비타트 프로젝트는 엄청난 관심을 받았다. 당시 풀러는 74세의 노년이었고, 사프디는 29세의 신예였다.

사프디는 보스턴과 근교에 수많은 프로젝트를 남겼지만, 가장 유명한 것은 하버드 경영대학 채플과 세일럼에 있는 피바디 에섹스 박물관Peabody Essex Museum이다. 나는《건축과 환경》1996년 6월호에 실린 사프디 특집 기사를 보고 받은 인상이 아직도 생생하다. 우리나라에 레이저 카터기가 보편화되기 전, 표지에 떠오른 건축은 제도판 위에서 T자와 삼각자로는 그리기 어려운 삼차원적으로

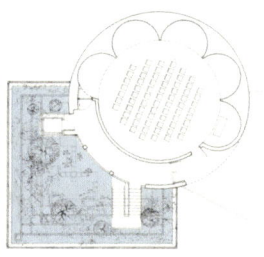

그림 9-23 평면도의 파란색 부분이 사각형 정원 공간이고, 원형 부분이 본당이다. 본당 안으로 들어가면 다섯 개의 애프스가 있고 그 위에 프리즘을 달아 무지갯빛을 벽체 위에 떨어지게 했다. 좌측 하단 사진은 내부 정원의 모습. 중앙 하단 사진은 본당에서 애프스를 바라본 모습. 우측 하단 사진은 프리즘의 디테일 사진이다.

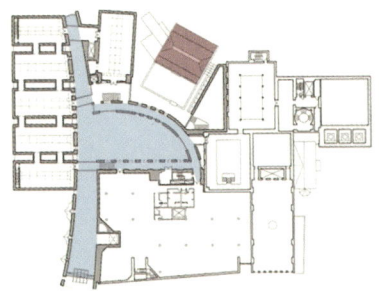 

그림 9-24 우측 상단에 보이는 사진이 피바디 에섹스 박물관이다. 평면도를 보면, 푸른색 부분은 여러 동으로 나뉘어 있던 기존의 박물관을 하나로 묶어주는 사프디의 유리 아트리움 공간이다. 평면도의 붉은색 부분이 음여당이라 불리는 중국 남부 지방 주택을 실제로 옮겨온 것이다. 아트리움 내부 사진과 목조 주택 두 사진이 음여당의 내부의 마당과 2층에서 바라보는 사진이다.

곡면이 휘는 건축이었다.

물 위에 떠 있는 그 프로젝트는 육지와 연결되어 있다는 점에서 선착하고 있는 배에 가까웠다. 물과 땅의 중간에 서서 민감한 경계라인을 만드는 그의 건축은 육지로부터 해방되어 망망대해로 흘러가고 싶다는 모습에서 당시 유학을 준비 중이던 내 마음을 반영한 것 같았다.

에로 사리넨의 MIT 채플과 사프디의 하버드 대학 경영대학을 위한 채플은 비슷하면서도 다르다. 비슷한 점은 둘 모두 예배 공간이 원통형이라는 점이다. 다른 점은 사리넨이 MIT 채플에서 물을 외부에 둔 것과 달리 사프디는 내부에 두었다는 점이다. 사리넨이 물 위에 떠 있는 채플을 원했다면, 사프디는 채플 속에 물을 품고자 했다. 사리넨이 물을 통해 반사하는 빛의 잔영이 채플 안을 채우기를 바랐다면, 사프디는 물소리가 채플 구석구석에 울리

기를 바랬다. 원형의 본당을 사각형의 정원이 감싸는 형식으로 디자인 된 사프디의 채플은 사프디 채플이 건립되기 이전에는 보지 못한 무지갯빛을 채플 안에 만들어낸다. 8.1미터 높이의 원통형 본당에 5개의 반원형 공간인 애프스apse가 있고, 그 위로 거대한 프리즘을 두어 벽면을 타고 무지개가 만들어지도록 했다.

아크릴로 3미터 크기의 프리즘을 제작하여 미네랄 오일을 채워 넣었다. 한 애프스에 5개를 설치하였고 각도도 다르게 설치했다. 태양 고도와 방위각의 변화에 따라 채플 안에 떨어지는 빛도 변한다.

보스턴에서 북쪽으로 자동차로 40분 정도 가면 세일럼Salem이라는 도시가 나온다. 이곳에 피바디 에섹스 미술관이 있다. 특이하게 생긴 사프디의 유리 아트리움 천장이 150년간 여러 곳에 흩어져 있던 피바디 박물관을 하나로 묶어주었고, 그로 인해 박물관이 빛날 수 있었다. 세일럼은 19세기 마녀재판으로 유명했지만 박물관이 들어서기 전까지 가고 싶은 도시는 아니었다. 세일럼은 해상 무역이 두드러진 곳인데, 사프디는 이에 맞춰 배 모양을 닮은 유리 천창을 리버티 스트리트를 따라 덮었다. 이 길은 박물관 깊숙이 들어와 흩어져 있던 개별 박물관 진입구가 만나는 광장 같은 역할을 했다.

피바디 에섹스 박물관은 또한 동아시아 유물이 풍부하기로 유명하다. 특히 중국 남부에서 옮겨온 음여당蔭餘堂이 유명하다. 밖으로는 출입구만 보이는 회벽 외관이 처음에는 무미건조해 보였다. 하지만 안으로 들어가자 부슬비가 내리고 있었고 직사각형 모양의 길쭉한 마당 위로 비가 떨어졌다. 이미 오래 전에 동아시아 문화 안에는 현대 건축이 담고자 하는 닫힘과 열림, 침묵과 소통, 회벽의 단단함과 목구조의 날렵함이 모두 있었는데, 무엇 때문에 나는 지구 반 바퀴 떨어진 이 곳 미국의 문화가 더 우월할 것이고 그러므로 배워야 한다는 착각에 빠졌는가 같은 자괴감에 가까운 질문이 밀려왔다.

　이날 나는 반나절 가까이 음유당에 머물렀다. 외국에서 몇 달간 여행하다가 얻어먹는 김치 한 사발처럼 오래 동안 곱씹고 음미했다. 피바디 에섹스 박물관은 분명 사프디의 수작임에는 틀림없다. 그렇지만 이 안에 음유당이 없었다면, 조금은 허전한, 미완의 박물관에 그쳤을 것이다.

하버드 법대
── 하우저 홀과 마이클 맥키넬

　　　　　　　　　　　*스승은 부모와 비슷하다. 함께 하는 동안에는 죽어라 말도 안 듣더니, 헤어지는 순간 그의 제자였다고 인정하게 되니 말이다. 하버드 법대에 있는 하우저 홀Hauser Hall을 디자인한 마이클 맥키넬 교수님은 내게 그런 존재였다. 교수님은 수업시간에는 내게 강도 높은 조언과 비판을 하셨고, 학기 말 기말 비평이 끝나자 나를 한쪽으로 불러내 내 태도에 대해

그림 9-25 하버드 법대 하우저 홀. 좌측 사진이 입구다.

일침을 가하기도 했다. 같은 수업을 들었던 동기들은 우리는 맥키넬 교수의 손바닥 위에서 고도의 지적게임을 당한 것이라고 평했다. 교수님은 학생들에게 자신이 좋아하는 아티스트를 정하고, 한 학기 동안 그 아티스트를 위한 미술관을 디자인하라고 했다. 나는 교수님이 가장 좋아하는 건축가를 선정하면 가장 많은 얘기를 들을 수 있을 것 같아 미스 반데어로에를 선정했다. 친구들은 각각 마르셀 뒤샹, 잭슨 폴락 등 자신이 좋아하는 예술가를 선정했다.

한 학기가 끝나갈 무렵 동기들은 자신이 선정한 예술가에 대해 교수님과의 담론을 통해 오히려 자신을 알게 되었고, 자신이 추구하는 건축 디자인의 중요한 단초들이 자신이 선정한 예술가의 작품 안에 있음을 보게 되었다. 우리는 건축 디자인을 배우기보다는 자신을 찾게 되었고, 우리가 사랑하는 예술품을 통해 우리 안에 있는 미적 가치 기준을 보게 되었다. 이것은 맥키넬 교수가 노련한 건축가이자 교육가였기 때문에 가능한 교수법이었다.

나는 교수님이 좋아하는 건축가를 선정한 탓에, 교수님이 내 자리 주위에 머무는 시간이 제일 길었다. 동기들은 이를 매우 불편한 눈초리로 쳐다보았다. 덕분에 나는 한 시대를 풍미했고 지금도 보스턴과 미국에서 큰 영향력을 행사하고 있는 교수님으로부터 건축론을 직접 사사할 수 있는 기회를 가장 오래 가질 수 있었다. 스코틀랜드 출신인 교수님은 보스턴에 강한 자취를 남긴 건축가였다.

그는 보스턴 시청사가 성공적으로 세워진 후, 보스턴에 있는 많은 공공건물 디자인을 맡게 되었고, 하버드 대학 교수로 오랫동안 교편을 잡았다. 내가 MIT에 있는 동안에는 마침 자리를 옮겼기에 직접 만나게 되는 행운을 얻었다. 포스트모더니즘이 휩쓸던 1980년대 맥키넬 교수님의 포스트모더니즘은 조금 달랐다. 그는 카를 싱켈이나 미스 반데어로에와 같이 고전 양식을 차용함에 있

그림 9-26 왼쪽 상단은 하우저 홀, 오른쪽 상단은 오스틴 홀, 하단은 세버 홀이다. 맥키넬 교수의 창은 벽돌을 사용했지만 리처드슨의 모티브를 차용했다.

그림 9-27 맥키넬 교수의 대표작. 상단 사진은 보스턴 백베이 기차역. 하단 사진은 보스턴 근교 링컨의 드 코르드바 박물관. 교수님의 작품은 화려하지 않지만 주어진 여건에서 최대한 작업을 즐긴 흔적이 곳곳에서 보인다. 좋은 디자인은 작은 것에 애착을 가질 때 생긴다.

어서 그 어휘가 갖고 있는 질서와 건축물의 자율성에 집중했다.

하버드 법대 안에 있는 맥키넬 교수의 하우저 홀은 하버드 건축대 학장이었던 발터 그로피우스의 기숙사보다 헨리 리처드슨의 오스틴 홀을 닮았다. 팀워크의 강조와 예술계의 통합적인 접근을 강조했던 그로피우스의 건축은 열린 체계로 관계성을 강조한 반면, 하우저 홀은 오스틴 홀과 마찬가지로 자기 충족적이면서도 독립성이 강하다. 자연과의 관계 또한 팔라디오의 로툰다같이 이분법적이다. 가벼움보다는 무거움을 강조하고 있고, 코너들이 닫혀 있는 하우저 홀은 볼륨의 미학이라기보다는 매스mass의 미학이다. 스튜디오에서 교수님의 말과 행동 그리고 건축적 신념은 그의 건축과 닮아 있었다.

통찰력 넘치고 확신에 가득 찬 그의 멘트는 모두 어록이었다. 초기에는 내게 건축은 머리로 하는 것이지 그림이나 모델로 하는 것이 아니라고 비판하면서도, 한번 개념이 정립되자 손때 묻은 꼬질꼬질한 15센티미터짜리 자를 양복 속 주머니에서 꺼내어 내 드로잉을 여기저기 재보며 논리와 맞지 않는 세부 사항을 지적해 주었다. 노란 트레이싱페이퍼에 심이 뭉뚝한 연필을 꾹꾹 눌러가며 스케치했던 그는 그림을 그린 후에는 스코틀랜드 특유의 악센트를 넣어가며 자신의 건축적 신념을 주장했다. 나도 질세라 반론을 제기하곤 했지만, 결국은 그의 논리 앞에 작아진 내 자신을 발견할 때가 더 많았다. 그는 생각의 결함을 지적했고, 생각과 하나되지 못한 그림을 지적했다.

학기 중에 교수님께 호되게 비판을 받을 때는 혼자 몰래 하우저 홀에 들르곤 했다. 애증의 관계 때문이었을까? 당시에는 하우저 홀이 탐탁지 않았다. 이 건물을 비판하며 구겨진 내 자존심을 회복하고 싶었다. 한참 동안 '이게 무슨 현대 건축이야? 디지털 시대에 웬 돌덩어리지? 꼭 자기 고집을 닮았어'라고 생각하며 스트레스를 풀기도 했다.

졸업 후 교수님이 자꾸 생각났다. 해가 바뀔수록 나는 맥키넬 교수 작품의 깊이를 이해하게 되었다. 모두 디지털 시대라는 화두를 내걸고 건축의 형태를 꼬고 비틀 때도 교수님은 네모반듯함을 고수했고, 많은 건축가들이 아방가르드라는 칭호를 내걸고 실험적 공간과 재료를 주창할 때도 돌로 되돌아가고 있었다. 그는 계속 시대의 유행과 역행해서 싸우고 있었다. 지금 교수님의 건축을 바라보는 나는 더 겸손해졌다. 그가 돌로 이룬 대문과 창문을 과연 나도 만들 수 있을까? 나 또한 시끄러운 세파에 침묵하고 나만의 길에 집중하며 걸어갈 수 있을까? 지금 당장 세상의 관심보다 지속적으로 가치를 내는 건축을 지킬 수 있을까? 아니, 더 나아가 세상이 쳐다봐주지 않는다 하더라도 결국에는 도시를 위해 지속적인 가치를 발현할 것이라 믿는 건축을 향해 매진할 수 있을까? 적어도 맥키넬 교수님의 건축은 명쾌하고 그의 수사는 맑은 논리 위에 서 있었다. 스승은 감히 범접할 수 없는 대가의 반열에 서 있었던 셈이다.

하버드 법대
오스틴 홀

*리처드슨은 돌을 잘 알고 있었다. 무엇이 단단하고 무엇이 연약한지 알았던 그는 돌의 실험 속에서 디자인의 가능성을 열었다.

돌의 크기는 일정하지 않다. 다양한 돌이 아귀를 달리하며 맞물려 있다. 돌의 색깔이 붉은색에서 흰색으로 변한다. 창들의 하인방 자리를 알리는 수평의 띠를 둘렀다. 질감도 변하고 있다. 거친 면에서 부드러운 면으로. 창틀에 가까이오자 갑자기 유선형으로 변한다. 불룩하게 부풀어 오른다. 돌의 육중함을 더

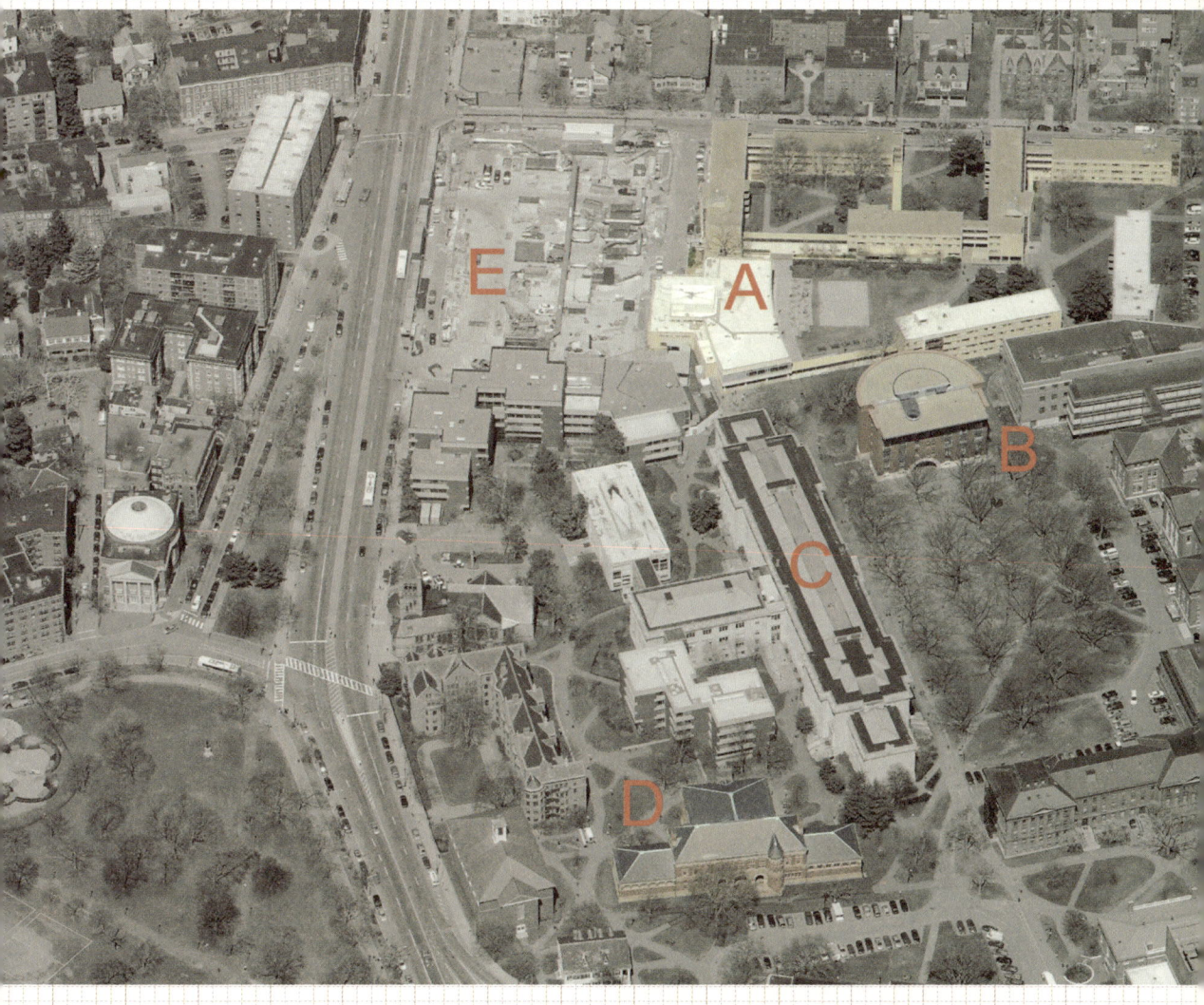

그림 9-28 하버드 법대의 전경. A는 발터 그로피우스가 디자인한 기숙사, B는 맥키넬 교수님의 하우저 홀, C는 법대 도서관, D는 헨리 리처드슨의 오스틴 홀, E는 새롭게 디자인 되는 로버트 에이엠스턴의 건물 대지다.

드러나게 하려고 한 것일까, 오목함을 버리고 볼록함을 선택했다.

고딕은 돌로 지었지만, 돌의 모습을 드러내기는 거부한다. 비물질화를 향한 그들의 생각은 치열했다. 육중한 돌의 볼륨보다 빛과 그림자에 의해 선이 읽히기를 바랐다. 그래서 고딕시대 건축가들은 창틀에 오목을 사용했다. 볼록한 처리는 안으로 집어넣기보다는 밖으로 밀어내기 때문에 돌이 더 두드러진다. 빛이 부드럽게 밀려나간다. 벽의 사납고 거친 마름돌쌓기가 창틀에 와서 부드러워지고 순해진다. 기초적인 연장만으로도 건축에 많은 가능성을 열어주는 돌은 참 귀한 친구다. 정과 망치가 여는 무한에 가까운 공예의 세계는 참으로 신비롭다. 돌은 무거운 것이 제격이다. 요새 많이 쓰는 손가락 마디보다 얇은 돌은 기온 변화에 쉽게 깨진다. 19세기 돌은 무게가 있었다.

대리석과 화강석 사이에 있는 계급의식이 콘크리트에는 없다. 트래버틴과 샌드 스톤Sand Stone 사이에 있는 소속의식도 없다. 콘크리트의 또 다른 이름은 그래서 '획일성'이다. 쌓아 올림과 부어 올림 사이에는 큰 차이가 있다. 그것은 재료적이고 구축적인 차이이다. 쌓아 올림에는 전체 속에 개체성이 있다. 개별적 돌의 질감이 숨 쉬고 있고, 장인이 끌고 간 정의 궤적이 닿는 곳에 있다.

그림 9-29 오스틴 홀의 디테일.

부드러운 돌에는 레이스 같은 장식을 넣었고, 단단한 돌에는 거침을 그대로 두었다. 뚱뚱해서 모서리가 다 죽을 것 같은 이 집이 팽팽한 긴장감을 일으키는 이유는 섬세함과 거침이 밀고 당기고 있기 때문이다. 이 건물이 하버드 북부 캠퍼스에 위치한 법대 도서관 오스틴 홀이다. 이 건물을 비롯하여 보스턴에 있는 여러 건물로 리처드슨이 당시 미국 건축에 남긴 영향은 가히 엄청났다. 당시 미국에는 유럽에 대한 사대주의가 심했다. 특히 건축계에서는 파리의 에콜 데 보자르Ecole des Beaux-Arts가 유명했는데, 리차드슨도 하버드에서 학부를 마치고 파리로 건너가 이 학교에서 수학했다.

그러나 리처드슨은 보자르식 고전주의를 넘어서 미국 토양에 맞는 새로운 건축을 만들고자 했다. 그는 중세시대 건축으로부터

그림 9-30 헨리 리처드슨이 디자인한 하버드 법대 도서관 오스틴 홀의 창문.

영감을 받았다. 그는 영국의 저명한 건축사학자 존 러스킨의 사상에 영향을 받았다. 그가 붙잡은 중세식 건축은 고딕이 아니라 프랑스 남부식 로마네스크였다. 당시 보스턴 식자층은 중세의 재생이라 할 수 있는 빅토리안 양식에 빠져 있었고, 리처드슨의 돌 다루는 천재적 솜씨는 어렵지 않게 발탁됐다. 유럽의 아류였던 19세기 미국 건축계가 드디어 자기 목소리를 내기 시작했다. 따라서 역사가들은 리처드슨을 미국 근대 건축의 아버지라 부른다.

그림 9-31 하버드 스퀘어에서 남쪽으로 걷다 보면 만나는 모퉁이. 이 모퉁이 직전에 하버드 서점과 유명한 햄버거 가게가 있다.

하버드 스퀘어

사람들은 보스턴을 방문하면, 보스턴에서 꼭 봐야 하는 건축물이 뭐냐고 묻는다. 그때마다 나는 어김없이 I.M. 페이의 존 핸콕 빌딩, 르 코르뷔지에의 카펜터 센터, 찰스 맥킴의 공공도서관을 꼽는다. 그리고 시대별 스타 건축가의 보증수표 작품을 알려준다. 대가의 반열에 오른 이들의 작품은 범인의 경지를 넘어섰기에 분명 단기간 보스턴에 출장온 사람에게는 맞는 답이다. 하지만 10년 넘게 보스턴에 산 내게 대가들의 건물은 서울의 남산 타워 같아서 구태여 직접 찾아가는 곳은 아니다.

그림 9-31은 당시 다니던 직장 바로 옆 모퉁이를 돌면 보이는 도로다. 이곳은 나의 일상이었고, 내 건축은 느리지만 서서히 보스턴을 닮아갔다. 반복되는 만남은 기억의 틀을 형성한다고 한다. 내게 보스턴은 붉은 색이 넘치는 벽돌 도시이고, 시간의 변화에 따라 색이 변하는 동판 도시이다. 까만색 간판에 금색 글자를 박고, 나무문에 금색 손잡이를 쓰는 도시, 내게 클래식은 천 년 전 그리스 아테네가 아니라 백 년 전 미국 보스턴이다. 초록색 건물 모서리와 멀리 보이는 교회당이 이웃 사람들을 그냥 지나치지 못하게 한다. 건축 외관을 시작으로 사람들 간의 관계가 생긴다.

로마네스크 얼굴을 하고 있는 교회당에 정성스럽게 깎은 장미창이 그 안을 궁금하게 한다. 호기심에 다가서면, 문 위로 새겨진 조각에 의해 입이 벌어진다. 정성스런 조각은, 도시와 건축이 시간의 파괴력을 이기려면, 장인정신이 있어야 한다는 깨달음을 다시 확인하게 한다. 꼭 이목이 집중되는 건물이 아니라 평범한 건축이라도 세심하게 곳곳에 장인성이 묻어나는 건물은 100년이 지나도 이렇게 보는 이의 마음을 숙연하게 하는데, 오늘날의 건축은 왜 그렇지 못하는가 돌아보게 한다.

그림 9-32 성 바오로 성당 입구 장식과 종탑. 하버드 스퀘어의 스카이라인을 구성하는 첨탑 중 가장 아름답다.

교회당의 종탑은 하버드 스퀘어의 중요한 랜드마크다. 마치 이탈리아 베로나에나 있을 법한 탑이다. 무릇 하늘을 지향하는 종탑은 돌이되 가벼움으로 하늘을 만난다. 문의 장인성이 탑에도 묻어 있음을 어렵지 않게 알 수 있다. 15분 간격으로 벨이 울린다. 다른 장소에 있었다면 다소 불편하게 들릴 수 있는 중세 도시의 소리가 대학 도시인 이곳에서는 꽤나 어울린다.

점심 미사 시간에는 그레고리오 성가같이 청명한 소리가 울린다. 나는 한동안 점심시간마다 이곳을 찾았다. 내가 당시 교회를 찾았던 이유가 꼭 식구들의 건강 걱정만은 아니었다. 나는 직장 상사와의 스트레스로 작아진 속마음이 이곳 천장처럼 높아지길 바랐고, 내 디자인을 고집하고자 옹졸해진 마음이 관대해지고 넓어지기를 소망했다.

벽돌은 콘크리트와 달리 시간이 흐를수록 더 멋있게 변하고 사랑을 받는다. 가마에서 구워서 그런 것인지, 아니면 벽돌 한 장 한 장 정성스럽게 시간을 두고 쌓아서 그런 것인지 이유는 정확히 알 수 없지만, 거푸집을 짜고 시멘트를 붓고 기다리는 콘크리트 역시 들어가는 시간과 정성은 벽돌에 버금간다. 그런데 벽돌은 시간이 지남에 따라, 사골국같이 깊어지는데 반해, 콘크리트는 시간이

그림 9-33 하버드 스퀘어 앞 매사추세츠 애비뉴 거리. 내가 다니던 회사가 있는 거리이기도 한다.

가면 톡 쏘고 나서 김빠진 콜라처럼 허전하다. 처음의 싱싱함에 때가 묻고 금이 가서 더러워진다. 회색도시라는 말이 풍기는 부정적 이미지 때문인지, 회색인 콘크리트는 일반인들의 사랑을 받기 힘들다. 보스턴 같은 동네에서는 더욱 그렇다.

색깔을 달리하며 서 있는 벽돌 건물들은 그 자체가 서로 다른 패턴의 파사드를 엮어 수직-수평적으로 만든 도로의 얼굴이며, 도시의 퀼트이다. 창의 크기를 보면 어렵지 않게 전기가 있었던 세대에 지어진 건축과 그렇지 않은 건축이 구분된다. 창이 큰 곳은 전기 이전 세대의 것으로 자연광에 의존했고, 창이 작은 곳은 전기 이후 세대의 것으로 인공조명의 덕을 보았다.

창문 깊이에 따라서도 오래된 건물과 최신 건물이 구분된다. 벽돌 벽이 건물 바닥의 하중을 지탱하는 오래된 내력벽의 경우 창문 개구부의 깊이도 깊다. 골조와 벽돌 껍질이 구분되어 있는 최근 공법인 비내력벽의 경우 창문 개구부의 깊이가 얕다. 창의 크고 작음과 창의 깊고 얕음은 곧 하버드 스퀘어의 벽돌 건축 역사를 대변하고 있다. 옛것과 새것이 같은 재료로 만나고 있어 통일성이 생기고, 창 디테일에서 보이는 다름으로 다양성이 동시에 읽혀진다. 무명의 건축가들이 시대를 달리하며 보여준 진지함이 합쳐져 태어난 하버드 스퀘어는 그래서 더욱 아름다운 거리이다.

벽돌 건물의 일관성이 가장 많이 깨지는 층은 일층이다. 나무로 만든 일층이 있고, 철로 만들어진 일층이 있고, 돌로 만들어진 일층이 있다. 밋밋하고 반듯한 화강석을 쓴 곳이 있는가 하면, 거칠고 울퉁불퉁한 라임스톤을 쓴 곳도 있다. 벽돌로 된 보행로가 상층부는 벽돌로 된 건물이라는 사실을 상기시킨다.

이 거리에 서는 순간 나는 시간 여행을 떠난다. 나를 둘러싸고 있는 시간은 분명 21세기 초인데, 나를 둘러싸고 있는 건축은 대부분 100년 전에 지어진 것으로, 나는 건축이 간직한 시간 속으로 녹아들어 간다.

앞서 언급한 벽돌 건물이 끝나자마자 나오는 건물이 콘크리트 건물이다. 위대한 건축가 호세 루이스 세르트가 지은 건축물이다. 순수하게 건축 디테일 완성도 측면에서 세르트의 홀리오크 센터는 수작이다. 그렇지만, 이 건축물은 사람들의 사랑을 받지 못했다. 고만고만한 크기의 건물들 사이에 갑자기 우주에서 떨어진 거대한 운석 마냥 생뚱맞게 서 있다.

홀리오크 센터가 들어서기 위해 하버드 스퀘어의 주옥같은 벽돌 건물 20채가 무너져야 했다. 오른 쪽 아래 흑백 사진이 원래 있던, 무너진 건물이다. 내가 다니던 회사 사장은 하버드 스퀘어의 아기자기한 모습이 없어지고 글로벌

그림 9-34 상단은 하버드 스퀘어 지하철역에 내려서 올라오면 만나는 홀리오크 센터. 하단은 홀리오크 센터가 들어서기 이전 모습.

브랜드가 있는 가게들만 생긴다고 슬퍼했다. 역사에는 가정이 없지만, 만약 시간을 되돌릴 수 있다면, 캠브리지 커뮤니티는 홀리오크 센터를 원하지 않았을 것이다.

세르트는 하버드 학장 자리에 오르자마자 당대 최고이자 최신이었던 르 코르뷔지에의 건축술과 도시이론을 심고자 했다. 그렇게 해서 태어난 건물이 하버드 대학 카펜터 센터였다. 미국 내 유일한 코르뷔지에의 작품이었던 이 센터는 준공과 함께 엄청난 반향을 일으켰다. 코르뷔지에의 전도사였던 세르트는 인맥과 언론을 총동원하여 대대적으로 카펜터 센터를 선전했다.

이어서 세르트는 홀리오크 센터를 세웠다. 애석하게도 그가 만든 건축은 이전 도시의 길을 지웠다. 새로움이라는 이름으로 그의 엘리트 의식은 커뮤니티를 지우고 자신의 독단만 내세웠다. 그는 확신에 차서 전 시대의 유물은 마땅히 새로움으로 바꿔야 한다고 부르짖었고, 곧바로 행동으로 옮겼다. 그의 크고 자족적인 콘크리트 건축은 아기자기한 거리에서 시간을 고이 간직해야 나온다는 사실을 잊은 것이다. 뉴욕에서도 미노루 야마사키의 쌍둥이 타워가 올라갔을 때, 몇 개의 오래된 블록을 불도저로 밀어야 했다. 제인 제이콥스와 루이스 멈포드Lewis Mumford는 목청 높여 이를 비판했다. 쌍둥이 타워는 무너졌고, 홀리오크 센터도 리모델링으로 이제 상황이 많이 바뀌었다.

보스턴 근교의
케네디 대통령 도서관

1960년 존 F. 케네디의 대통령 당선은 미국인만 놀란 일은 아니었다. 케네디가 남긴 명문장들은 지식인의 가슴을 관통했

그림 9-35 케네디 대통령 도서관 외관과 내부의 성조기. 파리 루브르 박물관이나 워싱턴 DC의 국립박물관같이 페이의 가장 중요한 프로젝트가 될 뻔 했지만, 부지 선정 문제와 재클린 여사의 재혼으로 사업이 10년 이상 표류하며 예산이 많이 줄었다. 이곳을 방문할 때마다 나는 현재같이 백색의 프리캐스트 콘크리트가 아니라 페이의 원안대로 돌을 사용하였다면 어땠을까 상상해보곤 한다.

고, 제클린 여사의 미모와 패션감각은 연예계 어떤 여배우보다 영향력이 컸다. 1963년 케네디 대통령이 암살되자 애도의 물결은 파도를 쳤다. 그것은 이 시대의 젊은 리더를 잃은 슬픔이었고, 미망인이 된 재클린 여사에 대한 연민이었다. 불과 몇 달 만에 미국 도처에서 케네디 기념관 모금액이 모아졌다. 일반적으로 대통령 임기가 끝나면 간단한 전시시설과 도서관을 겸비한 기념관을 짓는데, 재클린 여사는 1964년부터 기념관 건립을 위해 열심히 뛰었다.

재클린 여사는 미국 최고의 건축가를 모았다. 근대 건축의 거장 미스 반데어로에가 노년의 몸을 이끌고 참석했고, 거장 반열에 떠오르고 있었던 루이스 칸, 필립 존슨, 오스카 니마이어 등 훌륭한 건축가들이 모였다. 그 안에는 젊은 I.M. 페이도 끼어 있었다.

재클린 여사는 재기 발랄한 I.M. 페이의 프레젠테이션에 끌렸다. 케네디 대통령과 동갑인 페이가 쟁쟁한 노년의 건축가들 사이에서도 자신감 넘치는 모습이 죽은 남편의 모습과 흡사해서였다.

그림 9-36 위 사진은 케네디 대통령 도서관. 좌측 하단은 에드워드 케네디 상원위원 기념관. 우측 하단의 왼쪽 건물이 에드워드 기념관, 오른쪽 건물이 대통령 도서관이다.

케네디 대통령은 하버드 대학에서 정치학을 공부했다. 유족들은 기념관을 하버드 대학 안에 짓고 싶어 했다. 행정 대학동을 건립하는 조건으로 하버드 대학 측은 이를 승낙했다. 그러자 공화당측 여론이 들끓었다. 반대 목소리는 그칠 줄 몰랐고, 사업을 이끌던 재클린 여사가 그리스의 부호 오나시스와 재혼하면서 사업팀에서 하차했다.

빗발치는 비판으로 하버드 캠퍼스 내 기념관 건설은 취소되었다. 이후, 무려 11년간 적절한 부지를 찾기 위한 난항은 계속되었고 대지가 바뀔 때마다 새로운 계획안을 내야 하는 페이는 점점 지쳐갔고, 겨우 오랜 협상 끝에 부지를 찾았다. 현재 부지인 도체스터는 원래 쓰레기 매립지였다. 땅을 파면, 메탄가스가 올라올 정도로 오염이 심했다.

케네디 대통령이 서거한 직후 모인 모금액은 상당했으나 사업이 표류하는 동안 사업금액은 거의 바닥을 드러내고 있었다. 페이의 건축 경력에 가장 화려한 한 줄이 될 수 있었던 프로젝트 사업이 표류하는 동안 여론의 관심을 잃었고, 자금 부족으로 허덕이다 겨우 완공됐다.

케네디 대통령 도서관은 백색의 예리한 콘크리트와 흑색의 유리 박스가 대조를 이룬다. 안으로 들어가면, 앞으로 펼쳐질 절정의 공간이 힐끗 보이며 밑으로 내려간다. 케네디 대통령의 일생을 다룬 전시도 기획되어 있다. 전시가 끝나면 검정색 유리 파빌리온을 만난다. 하늘의 높음과 바다의 넓음을 끌어안는 공간에 대형 성조기가 펄럭인다.

전시 동선 체계와 간단명료한 형태만으로도 이 기념관은 수작이지만, 예산 부족은 더 훌륭한 작품이 될 수 있었던 가능성의 발목을 잡았다. 페이의 다른 공공 프로젝트와 마찬가지로 대리석으로 지어졌다면 살아 있을 재료의 결이 프리캐스트 콘크리트의 사용으로 죽었다. 루브르 박물관 유리 피라미드에서 보여준 페이의 날렵한 케이블 트러스 디테일도 이곳에서는 튜브 디테일로 대체되었다.

1964년도에 시작되어 14년 만에 완공된 케네디 기념관은 건축물 자체를 보러 가는 곳이 아니라 건축물이 서기까지 생긴 수많은 어려움과 이를 조율한 사람들의 아름다운 노력을 보러 가는 것이다.

보스턴 근교 루이스 칸의 건축물

보스턴에서 1시간 정도 북쪽으로 올라가면 햄프턴 비치Hampton Beach가 나온다. 길게 뻗은 백사장, 완만하게 깊어지는 바닷물, 끊임없이 몰려오는 적당한 파도, 여름 오전 11시쯤 이곳에 도착해서 바닷가 근처에 널려 있는 가게에 들어가 7달러 짜리 서핑 보드를 사서 두 시간 정도 파도타기를 하면 잊지 못할 추억이 될 것이다. 햄프턴 비치는 홈메이드 아이스크림으로도 유명한 곳인데, 중간에 잠시 쉬면서 아이스크림을 먹는 것도 좋다.

여름에 뉴잉글랜드 지방에 와서 바닷가재를 먹지 않는다면, 천안 가서 호두과자 안 먹고 가는 것과 같다. 특히 햄프턴 비치는 싱싱한 바닷가재를 즉석에서 삶아 파는 걸로 유명하다. 파도를 타다가 슬슬 배가 고파오면 차로 5분 정도 떨어진 바닷가재 레스토랑 거리로 나와 미국 대통령도 먹으러 간다는 브라운스Brown's를 체험하는 것도 좋다. 둘이 먹다 하나가 죽어도 모른다는 싱싱한 랍스터와 조개까지 먹는다.

바닷가재를 잘 먹은 후 차를 몰아 사립 명문 고등학교 필립 엑서터 아카데미Phillips Exeter Academy로 간다. 보스턴에 들른 건축 애호가라면 반드시 거쳐야 하는

그림 9-37 루이스 칸의 엑서터 필립 도서관. 왼쪽 사진은 아트리움 공간. 중앙 사진은 입구 부분. 우측 사진은 아트리움에서 천장을 바라본 사진이다. 중앙 사진을 보면 콘크리트 위에 트래버틴을 덮었다. 오른쪽 사진을 보면 콘크리트와 나무가 무기물과 유기물, 자연과 인공, 단단함과 소프트함으로 교차했다. 칸이 재료를 다루는 경지는 가히 신의 경지다. 아트리움의 원형 개구부를 만들고 있는 콘크리트의 시공 조인트 줄눈을 보면 옆의 나무 난간과 일치하고 있다. 칸의 디테일에 대한 집착은 예술 거장들이 보이는 무결의 완벽성과 일맥상통한다.

루이스 칸의 필립 엑서터 도서관이 있는 곳이다. 루이스 칸이 서양 현대 건축사에서 차지하는 명성은 대단했다. 교수님들과 기성 건축가들의 칸에 대한 예찬은 그의 도면에 대해 공부하지 않을 수 없게끔 했다.

나는 엑서터 도서관에 와서야 도면을 통해 상상한 칸의 공간이 얼마나 제한적인 것인지 알게 되었다. 그의 건축이 왜 여러 겹의 외피를 하고 있는지, 그의 건축이 왜 하늘을 향해 열려 있는지, 그의 건축이 왜 유치해 보이는 기본 도형인 원형들로 가득 찼는지 그림으로는 이해할 수 없었다. 엑서터 도서관은 내가 체험한 첫 번째 루이스 칸의 건축이었다.

루이스 칸의 엑서터 도서관은 오물오물 씹히며 양념이 전혀 필요 없는 바닷

그림 9-38 예일 대학에는 두 개의 루이스 칸 건축물이 있다. 상단 사진은 예일 대학 아트 갤러리. 하단 사진은 예일 대학 영국 예술 센터. 원과 삼각형과 사각형, 콘크리트와 나무와 빛, 이들은 루이스 칸의 건축을 만들기 위한 추상적이고 구상적인 연장이었다. 또한 하늘을 향해 수놓은 기초 도형이 빛 아래 흔들리는 점이 그의 건축을 멀고도 어둡고 신비롭게 했다.

가재와 같은 건축이었다. 미감을 자극한다고 붉은 색소도 넣지 않았다. 주변의 이목을 잡기 위한 어떠한 LED 미디어스크린 건축물도 아니다. 너무나 흔히 보는 벽돌이고 콘크리트이고 나무인데, 루이스 칸의 손에 들어가자 색다른 대상이 됐다. 볼수록 신기했고, 걸을수록 다른 것이 다가왔고, 무엇보다 쉽게 보이지 않아 감동의 근원을 쉽게 이해하기 어려웠다.

고등학교 학생들을 위한 교내 도서관이었는데, 밖으로는 자폐적이고 위로는 치솟아 오른 아트리움에 서서 하늘을 바라보고 있다. 큰 X자형 콘크리트가 바람이 건물에 가하는 수평 횡력을 지지하며 콘크리트 벽면으로부터 나와 있다.

사방팔방의 콘크리트 8층 높이의 콘크리트 벽면에는 거대한 원형 구멍이 나 있었다. 층마다 나무 책장이 난간이 되어 구멍을 장식했다. 로마시대 신전 같기도 하고 유대인 회당 같기도 한 묘한 거리가 느껴졌다. 그보다 더 오래전 인간이 처음 동굴 안에서 살던 시절까지 상상력이 뻗었다. 아마도 원형과 X자가 주는 상징성 때문인 것 같았다. 기본 도형의 원시적인 성격이 거대한 스케일과 맞물리니 현실이 뒤흔들렸다.

출세하고자 하는 명예욕, 모으고자 하는 물질욕, 남으로부터 인정받고자 하는 강한 입신양명의 열망은 일상의 모습을 있는 그대로 받아들이게 한다. 매일 살고 있는 방과 건물에 대해 질문을 할 마음의 여유가 없다. 그러한 삶의 한가운데 던지는 루이스 칸의 건축 메시지는 일상을 일깨우는 의문과 의심의 부호였다. 그것은 인간을 지배하는 욕망과 삶에 대한 거대한 물음표였다. 자연 앞에서 갖는 질문이고, 유적지에서 갖는 물음이었다. "왜 도서관을 이렇게 지었을까? 그리고 무엇이 나를 움직이게 하는 걸까?"

설계 일을 하다 보면 디테일에 집착하고 있는 모습을 발견한다. 그림에 투자한 시간에 비례하여 이에 대한 집착도 높다. 같이 일하는 동료들과 언쟁을 하기도 하고 클라이언트에게 토라지기도 하고 시공업체들과 다시는 안 볼 것 같이 다투기도 한다. 건축업이란 실로 여러 분야의 사람이 각자의 생각과 이익을 가지고 모여 청사진 앞에서 자신을 낮춰야 하며, 협업 정신이 있어야 동행할 수 있는 길이다. 서로에게 상처를 주고 피하고 싶고, 다시는 만나기 싫어지기도 한다.

이럴 때 현장은 이루 말할 수 없는 치유 능력이 있다. 먼지와 흙냄새가 나고 철근공과 목수들이 분주하게 움직이고 서서히 뼈대가 올라가면서 청사진이 구체화되고 있는 일터는 그간의 싸움으로 금이 간 관계를 아물게 하는 능력이 있다. 건축가인 나는 가끔씩 건축이 활기 넘치는 현장 상태로 멈추었으면 좋겠다는 생각을 한다. 애석하게도 마감이 되면 골조 칠 때 현장에서 느껴지는 생기는 점차 줄어든다.

루이스 칸의 엑서터 도서관이 남다른 이유는 준공 후에도 아니 반세기가 지난 오늘에도, 현장의 생기가 계속 뿜어 나오기 때문이다. 엑서터 도서관은 로마시대를 볼 수 있고, 피라미드를 느낄 수 있고, 돌 건물에서 빛을 만나게 한다. 사람들은 건축물 안에서 예기치 않은 시간 여행과 문자 여행, 종교 여행을 떠나게 된다. 이런 경지에 오른 건축만이 사람을 북돋아주는 생기가 있다.

예일 대학의 빈센트 스컬리Vincent Scully 교수는 한 시대를 이끌어 간 훌륭한 건축 교육가이자 논객이다. 그의 말에는 음악같이 장단과 고저가 있다. 건축을 설명함에 있어 간단한 포인트에서 복합적으로 발전하는 관계를 설명하면서 마치 심포니에서 점진적으로 템포를 빠르게 하고 화음을 넣는 악기가 많아지듯이 설명해 내려간다. 스컬리는 건축을 한데 모아 정리하고 갈피를 잡지 못했던 미국 건축의 정체성을 확립해 주었고, 세계 건축사에서 미국 건축가의 자리를 찾아주었다. 스컬리의 글은 19세기 존 러스킨의 글을 닮았다. 미술을 꿰뚫고 건축을 서술하는 점이 그러하고 글을 문학적으로 쓰는 점이 그렇다. 사실주의에 기반을 두되 낭만주의 성향이 두드러진다.

스컬리에게 루이스 칸은 세계 건축계가 공인하는 근대 건축의 3대 거장 프랭크 로이드 라이트보다도 르 코르뷔지에보다도, 미스 반데어로에보다도 더 높았다. 예일 대학에서 칸과 함께 교편을 잡았던 것도 인연이었지만, 예일 대학 건축대학 길 건너편에 있는 루이스 칸의 건축물 또한 스컬리에게는 지대한 영향을 미쳤던 것 같다. 스컬리는 저서에서 아래와 같이 칸을 소개한다.

> 루이스 칸은 최고의 건축가다. 그 사실은 해가 거듭될수록 더 확실해진다. 그의 작품은 지금까지 어떤 건축가보다도 존재감과 아우라가 있다. 프랭크 로이드 라이트, 미스 반데어로에, 르 코르뷔지에의 건축보다 훨씬 위대하다. 라이트의 건축은 풍요롭고 싱그럽게 건축의 리

듬을 찾아주었다. 미스의 건축은 공간과 질료의 가장 본질적인 단계로까지 이끌어 갔다. 르 코르뷔지에 건축은 20세기 건축 화두의 모든 부분을 건드렸다. 초기에는 가볍고 도시적으로, 후기에는 무겁고 원시적이고 폭발적으로 지었다.

칸의 건축은 20세기 후반 건축 동향을 한데 녹아내릴 수 있는 종합물이었다. 그의 건축은 원시적이었지만, 어떠한 제스처도 허용하지 않았다. 칸의 폭발력은 드러난 태도나 제스처가 없었기에 잠재적이었고 속에 숨어 있었다. 무엇보다도 이들은 지어졌다. 항상 기초적인 언어로 무겁고도 암묵적인 형태로 땅에 깊이 새겨졌다.

루이스 칸은 말년에 주목받기 시작한 늦깎이 건축가다. 안식년을 맞아 50대에 6개월간 로마에 체류하면서 카이로와 아테네, 로마에서 만난 건축은 그를 송두리째 바꾸어 놓았다. 로마에서 돌아온 그는 예일 대학 박물관 증축동을 계획한다. 런던에서 예일대로 잠시 겸임교수로 왔던 스미드슨 부부는 이 건물에 충격을 받고 "칸은 위대한 거장의 반열에 오를 것이다"라고 말했다고 한다.

실제로 그랬다. 젊어서 건축 구조에 천착해 있던 칸의 건축은 문명의 발상지에서 받은 영감으로 구조적이되 문명의 시작점을 알리는 듯한 형상으로 되살아났다. 피라미드의 형상은 정사각뿔의 모양으로, 그것이 상징하는 바는 태양이었다. 건축역사에서 가장 꽉 차고 중량감 있는 건축물로 밀도가 높았다.

칸의 건축은 피라미드와 비슷했다. 문화가 발생하기 이전 자연 상태를 닮은 것 같기도 한 원시적인 질료들을 써서 시공했고, 문자가 발명되기 이전의 기초 도형을 이용한 상징체계로 소통을 했다. 그는 자연과 발랄한 대화를 하기보다는 입안에서 중얼거리듯 신비로운 우물거림으로 겨우 말을 꺼냈다. 그렇지만 그의 한마디는 뇌리에 박혔다. 그의 건축도 그러하다.

칸은 끊임없이 근원적인 질문을 던졌고, 태곳적 상태의 의문을 갖게 했다. 사물이 비롯되는 근본을 묻게 했고, 아득한 옛날 모습을 머릿속에 그리게 했다. 어떤 한 시기의 현상과 특징이 아니라 여러 시대에 걸쳐 적용 가능한 궁금증이라는 점에서 공시적이라기보다 통시적이었다. 과거서부터 현재까지 적용 가능하다면 현재부터 미래까지도 적용 가능하다. 이 점에서 그의 태곳적 건축은 시간을 초월하여, 변하지 않을 것이라는 점에서 보편적이고 영원하다.

작은 건축물이 시간의 궤를 이와 같이 무한히 열어줄 때 그 안의 공간도 끝없이 펼쳐진다. 그 안에 들어가 있는 인간도 건축이라는 사물에서 비롯된 시간적이고도 공간적인 팽창으로 말미암아 함께 확장된다. 구겨져 있던 마음이 펼쳐지고 답답했던 삶이 시원하게 뚫린다. 삶의 굳은살이 말랑말랑해지고, 삶의 주름살이 다림질 한 것같이 펴진다. 느리지만 칸 건축의 팽창력이 인간을 조금씩 서서히 치유하고 성장시킨다. 그의 건축 안에 영혼의 울림이 있는 이유이다.

나오는 말

책을 써야겠다고 마음먹은 것은 지금으로부터 한 5년 전인 2007년의 일이다. MIT를 졸업하고 건축사사무소 엘런즈와이그에서 실무 7년 차에 들어가면서 일의 흐름은 모두 파악하게 되었고, 그에 따라 회사에서 부여하는 책임 또한 커졌다. 일을 점점 많이 하면 할수록 뭔가 정리가 안 된 상태에서 너무 오랫동안 일상적인 것들이 내 인생을 지배하고 있다는 문제의식을 느꼈다.

돌파구가 필요했던 나는 책을 쓰면서, 개인적으로 뭔가 다시 시작해 보고 싶었다. 집을 짓는 기술에 대한 지식은 늘어갔지만, 학교에서 배웠던 지식과 학창시절 감동적으로 체험했던 건축물에 대한 기억은 빛바랜 연애편지같이 초기의 탄력을 잃은 상태였다. 이때부터 주중에는 점심시간마다 하버드 건축대학 도서관을 드나들기 시작했고 주말에는 보스턴의 명소들과 건축물을 다시 방문하기 시작했다. 그러나 이런 노력도 한동안은 밑 빠진 독에 물 붓기 같았다. 당시만 해도 보스턴 건축가를 소개하는 책을 쓰고 싶어서 유명 건축가들 중심으로 내용을 정리하고 있었다.

2007년 부모님께서 보스턴에 방문하셨고, 집안 문제로 나에게 귀국을 권유하셨다. 보스턴에서의 10년 생활을 정리하려고 하니 귀국을 준비하는 데 시간이 걸렸다. 쓰고 있던 책을 덮어두고 열심히 이직 준비를 했다. 감사하게도 모교인 성균관대학교에서 2009년부터 교편을 잡을 수 있는 기회를 주었다. 처음 학생들을 가르치느라, 한국에 와서는 정신없이 시간을 보냈다. 학과에서는 인증원으로부터 건축학과 프로그램 인증을 받아야 하는 시점이었기에 더욱 분주했다.

어느 정도 상황이 정리되어갈 무렵, 책을 쓸 기회를 주는 공모가 있었고, 출판부에서는 내 글의 초안을 보고 감사하게도 책으로 내보자고 제안을 해주셨다. 보스턴에서 글을 쓸 때는 글을 쓰다가도 막히면 현장에 쉽게 가볼 수 있었고, 참고할 자료도 많아 접근이 쉬웠는데 막상 지구 반대편인 서울에서 보스턴에 대한 글을 쓰려니 이만저만 힘든 게 아니었다. 다행히 2009년 여름에 다시 보스턴에 들를 기회가 있었고, 2주 동안 정말 부지런히 보스턴을 다시 돌아다니며 기억에 의존했던 글의 사실 여부도 확인했고, 필요한 사진도 많이 찍었다. 글의 진척이 없음에 대한 답답함과 자료의 결핍이 새로운 시선으로 보스턴을 보고 느끼게 해주었다. 나는 목마른 사슴이 숲 속 옹달샘을 만난 모양으로 보스턴을 대했고, 보스턴도 이전보다 새롭게 내게 다가와 주었다.

2009년 겨울, 2010년 여름과 겨울은 집필에 전념했다. 그러다 보니 2010년 여름부터는 미국 건축에 관한 이야기를 이 책 한 권으로 끝내지 말고 시리즈로 쓰고 싶은 욕심도 생겼다. 직장인을 위한 야간대학원 수업을 얼떨결에 맡게 되면서 미국 도시와 건축에 대해 가르칠 시간이 생긴 것이 하나의 동기가 되었다.

건축에 관한 이야기라면 보스턴만큼 할 말이 많은 곳이 뉴욕이다. 이 책에서 보스턴 이야기와 함께 뉴욕에 관한 이야기도 내용상 흐름에 맞게 담고 싶었지만, 전체적인 잔가지가 늘어날 것 같아 그만두었다. 다음에는 뉴욕 건축에 관한 이야기로 성실히 한 권을 쓰고 싶다.

이번 책에서 아무래도 MIT와 하버드 대학에 관한 이야기가 상당 부분을 차지하는 점에서 불편하게 생각하실 분도 있으리라 생각된다. 책의 목적이 결코 엘리트주의를 선동하는 데 있지는 않다. 다만 교육열 높은 우리나라 사람들이 보스턴을 찾는 가장 큰 이유는 이들 대학이 있기 때문이고, 또 건축적인 입장에서는 이들 대학이 기부금을 바탕으로 실험적인 건축을 많이 짓기 때문이다. 실제로 책에서 소개된 바와 같이 우수한 보스턴의 건축물 상당수가 학교에 있다.

다음 책에서도 이번 책과 마찬가지로 뉴욕 건축에 관한 얘기를 전개하면서 콜롬비아 대학과 뉴욕에서 차로 1시간 거리에 있는 예일 대학과 프린스턴 대학 건축도 다루어 보고자 한다. 보스턴에서 차를 타고 뉴욕으로 내려가려면 통상 3시간 반 정도 걸리는데, 2시간 반 정도 지점에 뉴헤이븐이라는 지역에 예일 대학이 있다. 예일 대학은 클린턴 대통령 부부를 배출하여 세간의 관심을 끌었지만, 건축가들에게는 저명한 빈센트 스컬리Vincent Scully와 폴 루돌프가 교편을 잡으며 금세기의 걸출한 건축가 노먼 포스터, 리차드 로저스Richard George Rogers, 스탠리 타이거맨Stanley Tigerman 등을 배출했고, 건축비평가 폴 골드버거와 블레어 카민Blair Kamin을 배출한 학교로도 유명하다. 이번 책 뒷부분에 다소 생뚱맞은 예일 대학의 루이스 칸 작품을 소개한 것도 사실 다음 책 이야기인 뉴헤이븐과 뉴욕을 슬쩍 소개하고 싶은 마음에서였다.

책이 나오기까지 많은 분의 도움이 있었다. 먼저 졸작임에도 추천사를 써주신 명지대의 남수현 교수님과 홍익대의 유현준 교수님께 감사드린다. 또 건축물 위치를 파악할 수 있게 지도를 그려준 임근주, 글을 읽기 쉽게 도와준 정두영, 글의 영어식 표현을 지적해준 김희원, 이현정, 노동희, 신수연에게 고마움을 표한다. 그리고 열심히 도와주시고 재촉해주신 출판부 분들께도 감사드린다.

건축으로 본 보스턴 이야기

초판 1쇄 발행 2012년 4월 6일
초판 4쇄 발행 2014년 6월 27일

지 은 이 이중원
펴 낸 이 김준영
펴 낸 곳 성균관대학교 출판부
출 판 부 장 박광민
편   집 신철호·현상철·구남희
마 케 팅 박인봉·박정수
관   리 이경훈·김지현
등   록 1975년 5월 21일 제 1975-9호
주   소 110-745 서울특별시 종로구 성균관로 25-2
대 표 전 화 02) 760-1252~4
팩 시 밀 리 02) 760-7452
홈 페 이 지 press.skkup.edu

ⓒ 2012, 이중원

ISBN 978-89-7986-915-6 03610

잘못된 책은 구입한 곳에서 교환해 드립니다.
사유의무늬는 성균관대학교가 일반대중을 위해 새롭게 시도한 브랜드명입니다.